HTTP抓包实战

肖佳 著

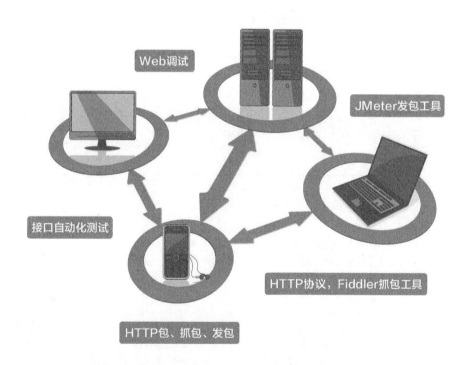

人民邮电出版社
北京

图书在版编目（CIP）数据

HTTP抓包实战 / 肖佳著. -- 北京 : 人民邮电出版
社, 2018.6（2020.4重印）
ISBN 978-7-115-48119-1

Ⅰ. ①H… Ⅱ. ①肖… Ⅲ. ①计算机网络—通信协议
Ⅳ. ①TN915.04

中国版本图书馆CIP数据核字(2018)第053123号

内 容 提 要

    HTTP 抓包利用 Fiddler 抓包工具来捕获 HTTP 数据包，然后对其进行重发、编辑等操作。HTTP 抓包的用途非常广泛，主要用于 Web 开发调试、软件自动化测试、接口自动化测试、性能测试和网络爬虫等方面，也用来检查网络安全。抓包也经常被用来进行数据截取等。

    本书主要围绕抓包展开。全书共有 22 章，着重介绍了 HTTP 协议、如何使用 Fiddler 对 HTTP 包进行抓取、如何对 HTTP 进行分析，以及如何使用 JMeter 等工具来发送 HTTP 包以实现软件的自动化测试。本书图文并茂、实例丰富，还有配套的视频教程，方便读者参考并动手实践。

    本书适合前端开发工程师、测试工程师、线上故障支持人员、接口开发人员和 Web 开发人员阅读，也适合对自动化测试感兴趣的人员阅读。

◆ 著　　　　肖　佳
  责任编辑　武晓燕
  责任印制　焦志炜

◆ 人民邮电出版社出版发行　　北京市丰台区成寿寺路 11 号
  邮编　100164　电子邮件　315@ptpress.com.cn
  网址　http://www.ptpress.com.cn
  固安县铭成印刷有限公司印刷

◆ 开本：800×1000　1/16
  印张：13.25
  字数：298 千字　　　　　　　　　2018 年 6 月第 1 版
  印数：12 901 – 13 500 册　　　　　2020 年 4 月河北第 12 次印刷

定价：59.00 元

读者服务热线：(010)81055410　印装质量热线：(010)81055316
反盗版热线：(010)81055315
广告经营许可证：京东工商广登字 20170147 号

 前言

为什么写这本书

我从事软件测试工作 10 多年，一直有写博客的习惯，在博客园发表了上百篇关于开发和测试的高质量文章。把平常工作学的知识和业余时间倒腾的技术总结成博客，对我来说是非常好的沉淀方式，同时也可以帮助很多的技术人员。这些技术文章构成了本书的重要素材。

最近看到身边很多朋友都已经出书了，为什么我自己不出本书呢？我还曾经在培训机构担任软件测试的培训讲师，培养过上千名的软件测试人员，对于培训非常有经验。所以我感觉，写一本技术图书是水到渠成的事情了。

为了把书写好，我就开始在外面"吹牛皮"，说我要出书了。先把话说出去，然后逼着自己每天花 2 小时写书。否则牛皮吹出来了，书没写出来就丢人了。

本书资源

我为本书创建了一个学习 QQ 群：656587652。我将在 QQ 群中解答读者的问题，并且还会给大家一些补充的学习资料。

本书的核心思想

这是一本讲抓包的书。本书的核心思想可以总结为 3 个词：包、抓包、发包。

本书内容主要包括 HTTP 数据包长什么样子，如何使用工具来抓包，如何使用工具来发包。想要学会 HTTP 协议，就要同时熟练使用 Fiddler 抓包工具。想要学好 JMeter 工具，就必须先学好 HTTP 协议。

HTTP 协议、Fiddler 抓包工具、JMeter 和 Postman，这几个方面是相辅相成的，应该一起学。

本书的独特之处

目前市面上已经有很多经典的图书来讲 HTTP 协议和 Fiddler，但它们都是独立的书，而本书巧妙地将这些结合起来，包含了很多有趣的小例子，深入浅出地用实际的操作例子来讲述相关知识，而且还有配套的视频教程。读者可以轻松掌握从第一章到最后一章的内容，学习的过程会很顺利。

本书适合谁看

本书适合前端开发工程师、测试工程师、线上故障支持人员、接口开发人员和 Web 开发人员阅读。

本书介绍的技术适用场景

开发人员可以使用本书介绍的技术来进行 Web 开发、Web 调试等。

测试人员可以将本书介绍的技术用于做基于 HTTP 协议的自动化性能测试、Restful API 自动化测试和接口测试等。

本书介绍的技术还适合用于开发测试工具、邮箱自动登录以及开发网络爬虫等。

本书的内容和组织结构

本文着重介绍了 HTTP 协议，以及如何使用 Fiddler 来抓 HTTP 包，如何分析 HTTP 包。本书还介绍了如何使用 JMeter 等工具来发送 HTTP 包，实现软件自动化测试。

本书配有生动有趣的实例。本书分为 22 章，每章的内容并不多，但配了很多的图，方便读者参考并动手实践。

致谢

在我写书的时候，我 33 岁，感觉到了非常严重的中年危机。工作十多年了，还没什么大的成就。

写书的过程的确很耗费时间和体力。白天上班，周末还要兼职当讲师，业余时间还要教小孩英语，送小孩去各种培训班。写作本书期间，我每天晚上只睡 5 个小时，把其他时间都用在了写书上面。

要感谢高博老师的鼓励。高博老师是我以前在 VMware 的同事。有一天高博老师打电话给我，鼓励我写这本书。

另外要感谢人民邮电出版社的陈冀康编辑在本书的写作过程中给予的大力支持。

资源与支持

本书由异步社区出品，社区（https://www.epubit.com/）为您提供相关资源和后续服务。

配套资源

本书提供如下资源：

● 本书作者针对书中内容的配套视频讲解。

如何观看视频：

● 打开异步社区进入《HTTP 抓包实战》图节页面。单击"观看在线课程"回答验证问题，验证通过后单击"在线课程"即可观看视频。

提交勘误

作者和编辑尽最大努力来确保书中内容的准确性，但难免会存在疏漏。欢迎您将发现的问题反馈给我们，帮助我们提升图书的质量。

当您发现错误时，请登录异步社区，按书名搜索，进入本书页面，点击"提交勘误"，输入勘误信息，单击"提交"按钮即可。本书的作者和编辑会对您提交的勘误进行审核，确认并接受后，您将获赠异步社区的 100 积分。积分可用于在异步社区兑换优惠券、样书或奖品。

详细信息	写书评	提交勘误

页码：[ ]　　页内位置（行数）：[ ]　　勘误印次：[ ]

B I U ABC ☰ ▾ ☰ ▾ " ☐ ◙ ☰

字数统计

提交

扫码关注本书

扫描下方二维码，您将会在异步社区微信服务号中看到本书信息及相关的服务提示。

与我们联系

我们的联系邮箱是 contact@epubit.com.cn。

如果您对本书有任何疑问或建议，请您发邮件给我们，并请在邮件标题中注明本书书名，以便我们更高效地做出反馈。

如果您有兴趣出版图书、录制教学视频，或者参与图书翻译、技术审校等工作，可以发邮件给我们；有意出版图书的作者也可以到异步社区在线提交投稿（直接访问 www.epubit.com/selfpublish/submission 即可）。

如果您是学校、培训机构或企业，想批量购买本书或异步社区出版的其他图书，也可以发邮件给我们。

如果您在网上发现有针对异步社区出品图书的各种形式的盗版行为，包括对图书全部或部分内容的非授权传播，请您将怀疑有侵权行为的链接发邮件给我们。您的这一举动是对作者权益的保护，也是我们持续为您提供有价值的内容的动力之源。

关于异步社区和异步图书

"异步社区"是人民邮电出版社旗下 IT 专业图书社区，致力于出版精品 IT 技术图书和相关学习产品，为作译者提供优质出版服务。异步社区创办于 2015 年 8 月，提供大量精品 IT 技术图书和电子书，以及高品质技术文章和视频课程。更多详情请访问异步社区官网 https://www.epubit.com。

"异步图书"是由异步社区编辑团队策划出版的精品 IT 专业图书的品牌，依托于人民邮电出版社近 30 年的计算机图书出版积累和专业编辑团队，相关图书在封面上印有异步图书的 LOGO。异步图书的出版领域包括软件开发、大数据、AI、测试、前端、网络技术等。

异步社区

微信服务号

目录

■■ 第 1 章 ■■

── HTTP 协议和 Fiddler 抓包 ──

Web 浏览器和 Web 服务器之间是通过 HTTP 协议相互通信的。HTTP 协议用途非常广泛，HTTP 协议是任何 IT 从业人员都需要掌握的基础知识。

当今 Web 程序的开发技术真是百家争鸣，有 ASP.NET、PHP、JSP、Perl、AJAX 等。无论 Web 技术在未来如何发展，理解 Web 程序之间通信的基本协议相当重要。

『 1.1 HTTP 协议介绍 』

1.1.1 什么是 HTTP 协议

协议是指计算机通信网络中两台计算机之间进行通信所必须共同遵守的规定或规则。

超文本传输协议（HyperText Transfer Protocol，HTTP）是互联网上应用最广泛的一种网络协议，它允许将超文本标记语言（HTML）文档从 Web 服务器传送到客户端的浏览器。

目前我们使用的 HTTP 协议是 HTTP/1.1 版本。

1.1.2 如何学习 HTTP 协议

协议是很抽象的东西，想要学好 HTTP 协议，必须先了解 HTTP 协议的基本知识；然后找一个抓包软件实实在在地看到数据包的内容，并且看到数据包是如何在浏览器和 Web 服务器中进行交互的。这才是学习 HTTP 的正确方法。

Fiddler 就是我们需要的抓包工具。你对 HTTP 协议越了解，你就能越掌握 Fiddler 的使用方法。你越使用 Fiddler，它就越能帮助你了解 HTTP 协议。HTTP 协议和 Fiddler 是相辅相成的，应该一起学习。

我们通过 Fiddler 抓包的方式来学习 HTTP 协议。

1.1.3　HTTP 协议的工作原理

我们打开浏览器，在地址栏中输入 URL，然后我们就看到了网页。原理是怎样的呢？

实际上，我们输入 URL 后，浏览器就给 Web 服务器发送了一个 HTTP 请求（HTTP Request），Web 服务器接到 HTTP 请求后进行处理，生成相应的 HTTP 响应（HTTP Response），然后发送给浏览器。浏览器解析 HTTP 响应中的 HTML，这样我们就看到了网页。该过程如图 1-1 所示。

图 1-1　HTTP 协议工作原理

浏览器客户端和 Web 服务器之间是通过 HTTP 协议来交流的。我们每天都会用浏览器浏览各种网站。目前主流的 Web 浏览器有微软的 Internet Explorer、Firefox 和 Google 的 Chrome。

Web 浏览器会给 Web 服务器发送一条 HTTP 请求，服务器会把 Web 对象发送给浏览器，浏览器解析 Web 对象，这些对象就显示在屏幕上了。

通过上面的介绍我们已经了解了 HTTP 协议的工作原理。那么 HTTP 请求和 HTTP 响应的数据包（报文）具体有哪些内容呢？协议是抽象的东西，是看不到的。下面我们使用 Fiddler 来抓包查看里面的内容。

就好比如果你想学习 TCP/IP 协议，你可以使用 Wireshark 来抓包学习里面的内容。

「1.2　Fiddler 的介绍」

Fiddler 是世界上最强大最好用的 Web 调试工具，可以称得上是"神器"。其用途非常广泛，能记录所有客户端和服务器的 HTTP 和 HTTPS 请求，允许你监视、设置断点，甚至修改输入输出数据。

Fiddler 包含了一个强大的基于事件脚本的子系统，并且能使用.NET 语言进行扩展。

无论对开发人员或者测试人员来说，Fiddler 都是非常有用的工具。

Fiddler 是用 C#开发的，作者是 Eric Lawrence，是个大师级的人物，曾经在微软总部西雅图工作。

1.2.1　Fiddler 的下载和安装

Fiddler 的官方网站是 www.fiddler2.com，下载地址是 http://www.getfiddler.com/。

Fiddler 是用 C#开发的，主要在 Windows 系统上运行。苹果 Mac 系统和 Linux 上有 Beta 版本可以运行，作者还在开发。

Fiddler 有 2 个版本，Fiddler2 和 Fiddler4，两者功能相同。建议你使用 Fiddler4。

Fiddler4 是基于.NET Framework 4.0 的。Win7 和 Win10 系统一般都已经安装好了.NET Framework 4.0，所以在 Fiddler 的下载页面会提供 Fiddler4 的下载。

Fiddler2 是基于.NET Framework 2.0 的，是为了照顾一些老的 Windows 系统用户而开发的，会逐渐被淘汰。

Fiddler 一定要在官方网站下载，不建议在别的地方下载。目前官方网站只提供了英文版的 Fiddler。

1.2.2　Fiddler 的基本界面

图 1-2 是 Fiddler 的基本界面，接下来简单介绍一下各个区域的作用，以便大家更好地掌握 Fiddler 的用法。

Fiddler 基本界面包括如下区域。

（1）主菜单栏：菜单中几乎可以启动所有的 Fiddler 功能，后续章节会对其进行讲解。

（2）工具栏：提供了很多常见的命令。

（3）Web Sessions 列表（会话列表）：显示捕捉到的每个 Session 的简短信息。平常都需要在这里选择一个或者多个 Session 后再进行操作。

（4）功能面板：这里有很多选项卡，提供了很多功能。我们常用的是 Inspectors 选项卡。

（5）QuickExec：命令行工具，可以输入简单的命令，例如输入 cls 可以清空 Web Sessions。

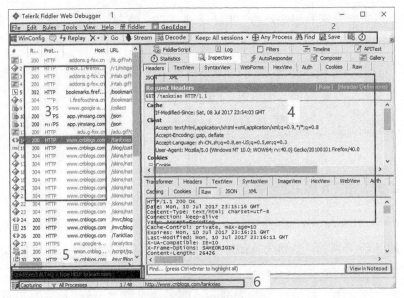

图 1-2　Fiddler 的基本界面

（6）状态栏：上面显示了 Fiddler 的一些配置信息。

1.2.3　Inspectors 选项卡

Inspectors 选项卡下可以查看 HTTP 请求和 HTTP 响应的报文结构。其中 Raw 选项卡可以查看完整的消息，Headers 选项卡只查看消息中的 Header。如图 1-3 所示。

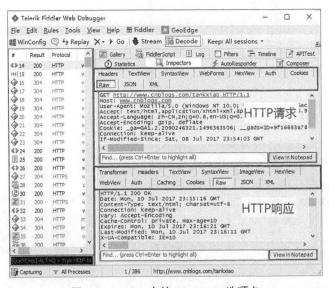

图 1-3　Fiddler 中的 Inspectors 选项卡

1.2.4　Web Sessions 列表

Fiddler 窗口的左边是 Web Sessions 列表，是 Fiddler 中最重要的部分，显示了每个 Session 的摘要信息。Fiddler 中的大部分操作都需要在 Web Sessions 列表中选择一个或者多个 Session，再进行其他操作。Web Sessions 列表中的表头可以排序。

一个 Session 包含了一个 HTTP 请求和一个 HTTP 响应，如图 1-4 所示。

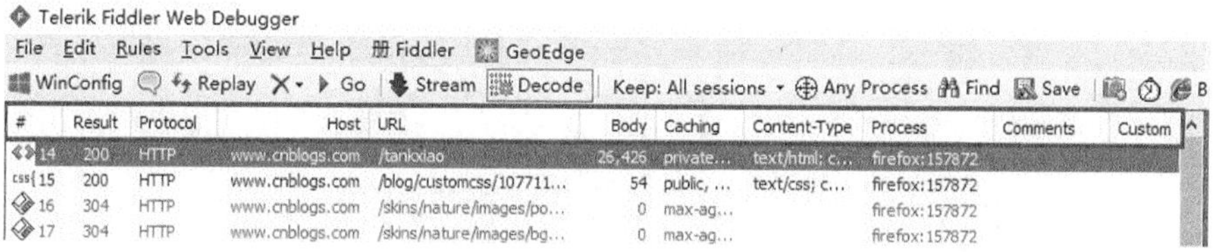

图 1-4　Web Sessions 列表

Web Sessions 列表栏中包含的信息如下。

（1）#：这是 Fiddler 生成的 ID（最好是按顺序排列）。

（2）Result：响应的状态码。

（3）Protocol：使用的协议 HTTP 或者 HTTPS。

（4）Host：服务器的主机名和端口号。

（5）URL：URL 的路径。

（6）Body：HTTP 响应中包含的字节数。

（7）Caching：跟缓存相关的字段的值。

（8）Content-Type：响应中 Content-Type 的值。

（9）Process：对应本地 Windows 的进程。

1.2.5　Fiddler 捕获 HTTP 协议的数据包

（1）启动 Fiddler，打开任何一个浏览器，输入 http://www.cnblogs.com/tankxiao/。

（2）如图 1-5 所示，回到 Fiddler 界面，在 Session 列表中，会看到 Fiddler 已经捕获到了很多 Session。可以选择任何一个 Session，然后选择 Inspectors 选项卡，就可以查看详细内容。

到这里，我们已经学会怎么使用 Fiddler 来抓 HTTP 协议的数据包了。

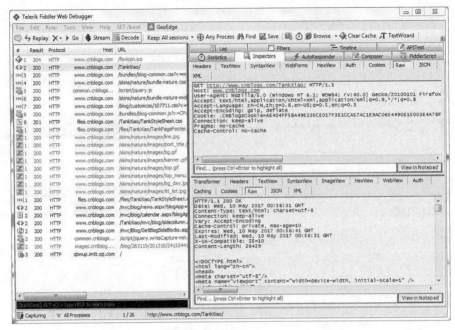

图 1-5 查看 HTTP 请求和 HTTP 响应的内容

1.2.6 Fiddler 设置开始捕获和停止捕获

我们把捕获 HTTP 数据包的过程简称为抓包。在 Fiddler 的使用过程中，当我们已经抓到自己想要的数据包后，可以停止抓包，以避免抓到一些不需要的数据包。接下来介绍两种设置方法。

方法一：如图 1-6 所示，在 Fiddler 中单击 File->Capture Traffic（快捷键是 F12）来开始抓包或者停止抓包。

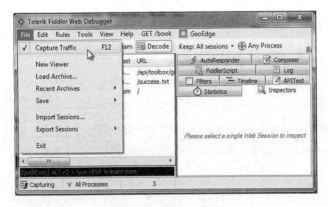

图 1-6 Capture Traffic

方法二：如图 1-7 所示，单击 Fiddler 左下角的"Capturing"按钮来开始抓包或者停止抓包。

图 1-7　"Capturing"按钮

1.3　HTTP 协议报文的结构

HTTP 报文分 2 个：一个是 HTTP 请求报文，一个是 HTTP 响应报文。

1.3.1　HTTP 请求报文的结构

浏览器发送给 Web 服务器的 HTTP 请求报文内容如图 1-8 所示。

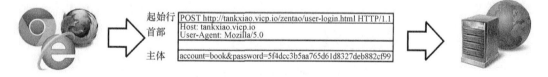

图 1-8　HTTP 请求报文的过程

HTTP 请求报文的详细内容如图 1-9 所示。

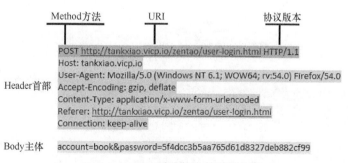

图 1-9　HTTP 请求报文的详细内容

HTTP 请求报文分为 3 部分：第一部分叫起始行（Request line），第二部分叫首部（Request Header），第三部分叫主体（Body）。

第一行中的 Method 表示请求方法，比如"POST"或者"GET"，现在使用的 HTTP 协议版本是 HTTP/1.1。

第二部分是首部（Header），后面会详细介绍这些首部的用法。

第三部分是主体（Body）。

特别要注意，Header 首部和 Body（主体）之间有一个空行。

1.3.2 HTTP 响应报文的结构

Web 服务器发送给浏览器的 HTTP 响应报文内容如图 1-10 所示。

图 1-10 HTTP 响应报文的过程

HTTP 响应报文的详细内容如图 1-11 所示。

图 1-11 HTTP 响应报文的详细内容

Response 消息的结构和 Request 消息的结构基本一样，同样也分为 3 部分：第一部分叫响应行（Response Line），第二部分叫响应首部（Response Header），第三部分是主体（Body）。

第一部分是起始行，有状态码和状态码消息，后面会详细介绍。

第二部分是首部（Header），后面会详细介绍这些首部的用法。

第三部分是主体（Body）。

特别要注意，Header 首部和 Body（主体）之间有一个空行。

1.3.3　Fiddler 捕获博客主页，查看 HTTP 请求和 HTTP 响应报文

（1）启动 Fiddler，打开浏览器，输入 http://www.cnblogs.com/tankxiao/。

（2）如图 1-12 所示，在 Fiddler 的界面中找到 www.cnblogs.com/tankxiao/，然后选择 Inspectors 选项卡。

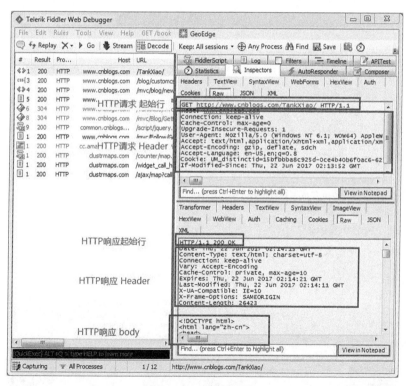

图 1-12　Raw 选项卡

（3）在 HTTP 请求中选择 Raw 选项卡，这样就能看到完整的 HTTP 请求报文。由于这是个 GET 方法，所以 HTTP 请求没有 Body。

（4）在 HTTP 响应中选择 Raw 选项卡，这样就能看到完整的 HTTP 响应报文。

『 1.4　Fiddler 抓包的原理 』

Fiddler 为什么能抓包呢？Fiddler 本质上是一个 Web 代理服务器。它的默认工作端口是 8888。

我们可以查看 Fiddler 的工作端口。启动 Fiddler，如图 1-13 所示，在菜单栏中单击 Tools-> Fiddler options。

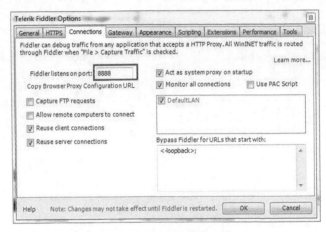

图 1-13　Fiddler 的端口号

1.4.1　什么是代理服务器

Web 代理（Proxy Server）服务器是网络的中间实体。代理位于 Web 客户端和 Web 服务器之间，扮演"中间人"的角色。

HTTP 的代理服务器既是 Web 服务器又是 Web 客户端。如图 1-14 所示。

图 1-14　代理服务器

代理服务器是网络信息的中转站，它具有以下功能。

（1）共享网络。能解决仅仅有一条线路、一个公有 IP 的问题。在公有 IP 资源严重不足的情况下，可以满足局域网大量用户同时共享上网的需求。

（2）提高了访问速度。因为大部分的代理服务器都有缓冲功能，可以直接读取，无须再连接到远程 Web 服务器。这样可以达到加快访问网站的速度、节约通信带宽的目的。

（3）突破了访问限制。当访问权限受到限制时，可以使用有权限的代理服务器。

（4）隐藏身份。内部网的用户要对外发布信息，就需要使用代理服务器的反向代理功能。这样就不会影响内部网络的安全性能，起到隐藏身份的目的。

1.4.2 Fiddler 的工作原理

Fiddler 是以 Web 代理服务器的形式工作的，它使用代理地址：127.0.0.1，端口：8888。其工作原理如图 1-15 所示。

图 1-15　Fiddler 工作原理

Fiddler 启动的时候，会偷偷地把 Internet 选项中的代理修改为 127.0.0.1，端口：8888。

当 Fiddler 退出的时候，它会自动在 Internet 选项中取消代理，这样就不会影响别的程序。

如果 Fiddler 非正常退出，这时候因为 Fiddler 没有自动注销，会造成网页无法访问。解决的办法是重新启动 Fiddler。

1.4.3 查看 Internet 选项代理设置

先启动 Fiddler，打开控制面板，找到 Internet 属性，然后选择连接->局域网设置->高级，可以看到代理服务器地址已经被 Fiddler 设置为 127.0.0.1:8888 了。如图 1-16 所示。

关闭 Fiddler，可以看到代理服务器地址已经取消了。

图 1-16　Internet 选项设置代理

1.4.4　Fiddler 如何捕获 Firefox

有时候我们会发现，Fiddler 能捕获 IE 和其他浏览器发出的请求，但是不能捕获 Firefox 发出的请求。

之所以不能捕获 Firefox 的请求，那是因为 Firefox 的代理服务器没有配置成 Fiddler。

打开 Firefox，在菜单栏中选择工具->选项->高级->网络->设置。选择使用系统代理设置，如图 1-17 所示。

图 1-17　Firefox 设置代理（系统配置）

或者手动配置，指向 Fiddler，如图 1-18 所示。

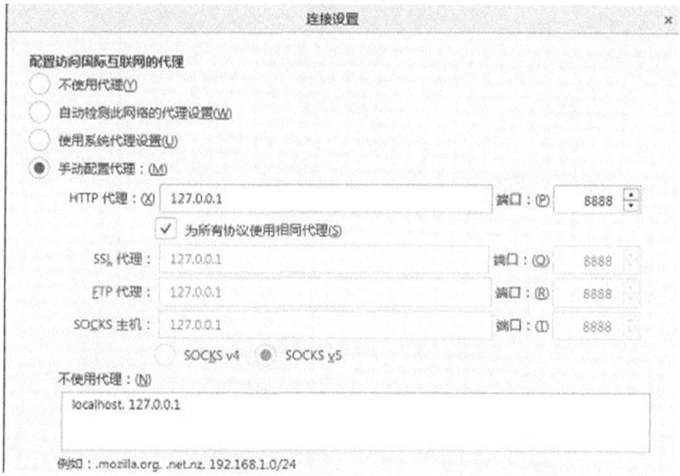

图 1-18　Firefox 设置代理（手动配置）

1.4.5　Fiddler 能捕获哪些设备的 HTTP 数据包

任何支持代理的 HTTP 请求都能被 Fiddler 捕获到，首先 Fiddler 能捕获各种浏览器，比如 IE、Firefox、Chrome 发出来的数据包。

Fiddler 还能捕获各种移动设备，比如 Android 手机、苹果手机、iPad 等发出的数据包，如图 1-19 所示。

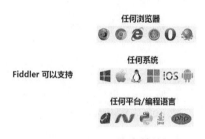

图 1-19　Fiddler 可以支持的设备

Fiddler 能捕获任何程序发出来的 HTTP/HTTPS 请求，只要这个程序支持 Web 代理服务器即可。

比如 Fiddler 能抓到 QQ 发出的包，当然 QQ 中发的聊天消息是抓不到的，因为 QQ 中的聊天信息使用的是 OICQ 协议，不是 HTTP 协议。

只要在 QQ 中设置代理服务器即可实现抓包，如图 1-20 所示。

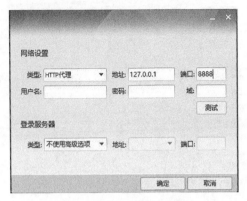

图 1-20　Fiddler 抓包 QQ

1.4.6　解压 HTTP 响应

在 Fiddler 抓包的过程中，我们经常看到 HTTP 响应是乱码，单击 "Response body is encoded. Click to decode." 按钮可以解压 HTTP 响应。如图 1-21 所示。

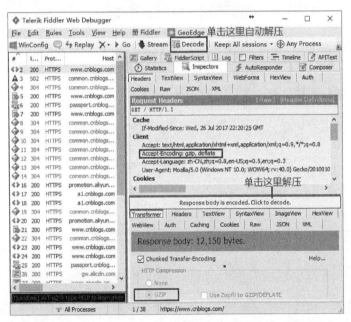

图 1-21　Fiddler 解压 HTTP 响应

■■ 第 2 章 ■■

── HTTPS 协议和 Fiddler 抓包 ──

Fiddler 默认情况下只会捕获 HTTP，需要设置后才能捕获 HTTPS。现在大量网站采用的是 HTTPS 协议。本章介绍 HTTPS 的一些知识，以及如何使用 Fiddler 来捕获 HTTPS。

『 2.1 HTTP 协议是不安全的 』

浏览器发送给服务器的内容非常容易被中间人拦截到。市面上各种各样的嗅探工具都能拦截到数据包，如图 2-1 所示。

图 2-1　HTTP 协议不安全

如果浏览器发送一些敏感的数据，比如账号、密码、信用卡账户、银行账户给服务器，是非常危险的。

『 2.2 Web 通信如何做到安全 』

什么是安全？我觉得起码要做到以下 2 点：

（1）浏览器和 Web 服务器之间的内容应该只有浏览器和 Web 服务器能看到通信的真正内容。

（2）HTTP 请求的内容和 HTTP 请求的响应不会被第三方篡改。

我们马上就能想到各种加密算法，如非对称加密、对称加密、DES、RSA 等。对称加密如图 2-2 所示。对称加密是密钥同时扮演加密和解密的角色。只要这个密钥不公开给第三者，同时密钥足够安全，我们就能确保安全问题。

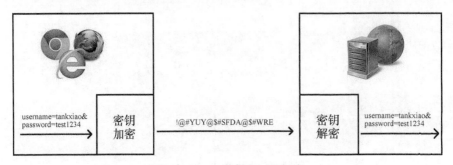

图 2-2　HTTP 数据包对称加密

只有浏览器和 Web 服务器知道如何加密和解密它们之间的消息。但是在 Web 环境下，该过程如图 2-3 所示。

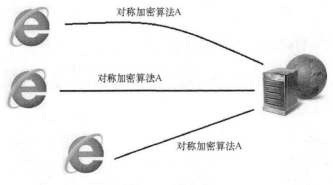

图 2-3　对称加密

如果 Web 服务器对所有的客户端通信都使用同样的对称加密算法，就相当于没有加密。那怎么办呢？

既能使用对称加密算法，又不公开密钥，请读者思考一下应该怎么做。

答案是 Web 服务器与每个客户端使用不同的对称加密算法，如图 2-4 所示。

另外一个问题来了：我们的 Web 服务器如何告诉浏览器客户端该使用哪种对称加密算法呢？当然是通过协商，如图 2-5 所示。

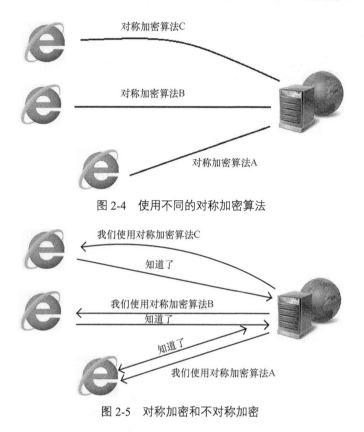

图 2-4 使用不同的对称加密算法

图 2-5 对称加密和不对称加密

『 2.3 什么是 HTTPS 』

HTTPS 就是加过密的 HTTP。使用 HTTPS 后，浏览器客户端和 Web 服务器传输的数据是加密的，只有浏览器和服务器端知道内容。

HTTPS = HTTP+TLS 或者 SSL。采用 HTTPS 的网站需要去数字证书认证机构（Certificate Authority，CA）申请证书。

通过这个证书，浏览器在请求数据前与 Web 服务器有几次握手验证，以证明相互的身份，然后对 HTTP 请求和响应进行加密。

『 2.4 Fiddler 如何捕获 HTTPS 会话 』

默认情况下，Fiddler 不会捕获 HTTPS 会话，需要进行设置：启动 Fiddler，在菜单栏中单击 Tool->Fiddler Options->HTTPS，选中"Decrypt HTTPS traffic"，在弹出的 2 个对话框中单击

"Yes"。同时选中"Ignore server certificate errors"来忽略一些证书错误。如图 2-6 所示。

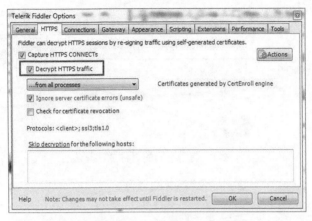

图 2-6　选中"Decrypt HTTPs traffic"

Fiddler 会弹出警告信息，单击"Yes"，信任证书。如图 2-7 所示。

系统弹出警告框，单击"Yes"，安装证书。如图 2-8 所示。

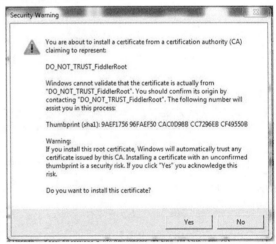

图 2-7　信任证书　　　　　　　　　　　图 2-8　安装 Fiddler 证书

安装证书后，测试一下 Fiddler 能否捕捉 HTTPS 请求。打开 IE 浏览器，输入 https://www.baidu.com，在 Fiddler 中查看是否捕捉到了 HTTPS 的百度请求。

2.4.1　添加例外绕过 HTTPS 证书错误

虽然按照上面的操作，在 PC 上安装好了 Fiddler 的证书，但有时候，当使用 Fiddler 捕获 HTTPS 网站的时候，仍会出现连接错误。

　　如图 2-9 所示是 Firefox 出现的一个证书错误，其他浏览器比如 IE、Chrome 也可能有类似的问题。

图 2-9　Firefox 证书错误

　　以 Firefox 为例，单击"我已充分了解可能的风险 -> 添加例外->确认安全例外"，可以绕过证书错误，如图 2-10 所示。这样 Fiddler 就可以捕获 HTTPS 的报文了。

图 2-10　Firefox 添加例外

2.4.2 Firefox 中安装证书

包括 IE、Chrome 和 Safari 在内的大部分应用都使用 Windows 证书库来验证证书。Firefox 浏览器是自己维护证书列表，所以需要单独安装 Fiddler 证书。

启动 Fiddler 后，打开 Firefox，输入 https://www.tmall.com，可能会出现如图 2-11 所示的错误。此时没办法通过添加例外来绕过 HTTPS 错误。

图 2-11　链接不受信任

这时，我们需要单独给 Fircfox 安装证书，具体的操作步骤如下。

（1）如图 2-12 所示，单击 Fiddler Options 窗口的 HTTPS 选项卡 Actions 下面的"Export Root Certificate to Desktop"按钮，把证书导出到桌面。Fiddler 证书的文件名叫作"FiddlerRoot.cer"。

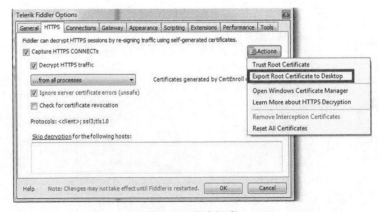

图 2-12　导出证书

（2）打开 Firefox，在菜单栏中选择工具->选项->高级->证书。

（3）单击"查看证书"，打开证书管理器。

（4）在证书管理器界面中选择"证书机构"，单击导入，选择"FiddlerRoot.cer"。

（5）在弹出的对话框中选中 3 个多选框。如图 2-13 所示。

图 2-13　Firefox 安装证书

安装证书后，Fiddler 就能捕获 Firefox 发出的 HTTPS 请求了。如果其他浏览器也有同样的问题，也可以单独安装证书。

2.4.3　Fiddler 可以捕获 HTTPS 的握手验证请求

当浏览器访问 HTTPS 网页的时候，Fiddler 能捕获到很多握手验证的请求，比如用浏览器打开 https://www.baidu.com，在 Fiddler 中就能抓到很多"Tunnel to"的请求，如图 2-14 所示。

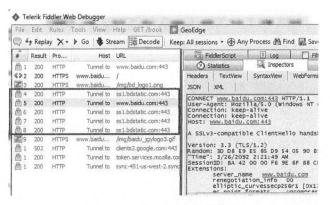

图 2-14　"Tunnel to"的请求

HTTP Tunnel（也叫 HTTP 隧道、HTTP 穿梭）是这样一种技术：它用 HTTP 协议在要通信的 Client 和 Server 建立起一条"Tunnel"，然后 Client 和 Server 之间的通信都是在这条 Tunnel 的基础之上实现的。

简单来说，当 Fiddler 当作代理转发 HTTPS 请求的时候，就会产生"CONNECT Tunnels"。

这些握手验证请求对我们没什么用处，可以选择在 Fiddler 中将其隐藏掉。如图 2-15 所示，选择菜单栏中的 Rules->Hide CONNECTs。

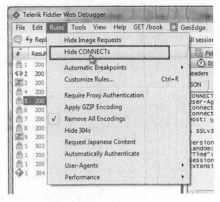

图 2-15　隐藏 CONNECTs

2.4.4　查看 Windows 本地安装的证书

用以下两种方法可以打开 Windows 证书管理器。

（1）用键盘上的【Windows+R】快捷键调出【运行】窗口，在此窗口的输入框里输入【certmgr.msc】命令。

（2）在 Fiddler 的菜单栏中选择 Tools->Fiddler Options->HTTPS->Actions->Open Windows Certificate Manager，如图 2-16 所示。在证书管理器中，我们可以看到安装的 Fiddler 证书叫作"DO_NOT_ TRUST_FiddlerRoot"。这是 Fiddler 作者开的小玩笑。

图 2-16　Windows 安装的证书

第 3 章

─── HTTP 协议请求方法和状态码 ───

本章介绍 HTTP 协议中的 HTTP 请求方法和状态码。HTTP 请求方法、状态码和首部（Header）是互相配合、一起工作的。浏览器客户端通过 HTTP 方法告诉服务器要执行什么动作，服务器通过状态码来告诉浏览器客户端动作是否执行成功。

『 3.1　URL 详解 』

我们每天使用 URL 来访问网页，本节我们来看看 URL 的基本知识。

URL 的全称是 Uniform Resource Locator，中文译名为"统一资源定位符"，用于完整地描述 Internet 上某一处资源的地址。

Internet 上的每个网页都有一个标识，一般称之为 URL 地址，或者 Web 地址，俗称"网址"。URL 地址可以是本地磁盘，也可以是局域网上的某一台计算机，更多的是 Internet 上的站点。

URI 的全称是 Uniform Resource Identifier，中文译名为"统一资源标识符"，用来唯一地标识一个资源。而 URL 是一种具体的 URI。

我们可以简单地把 URI 和 URL 看作同一个东西。

3.1.1　URL 格式

URL 的基本格式如下：

```
schema://host[:port#]/path/.../[?query-string][#anchor]
schema                  指定低层使用的协议(例如：http, https, ftp)
host                    HTTP 服务器的 IP 地址或者域名
port#                   HTTP 服务器的默认端口是 80，这种情况下端口号可以省略。如果使用了别的端口，
                        则必须指明，例如 http://www.cnblogs.com:8080/
path                    访问资源的路径
query-string            发送给 http 服务器的数据
anchor                  锚
```

URL 的一个例子如下：

```
http://www.mywebsite.com/tankxiao/test/test.aspx?name=sviergn&x=true#stuff
```

```
Schema（协议）：         http
host（域名）：           www.mywebsite.com
path（资源的路径）：      /tankxiao/test/test.aspx
Query String（参数）：   name=sviergn&x=true
Anchor（锚）：           stuff
```

3.1.2　URL 中的锚点

锚点（Anchor）是一种超链接，只是它是页面内部的超链接。

假如有一个网页很长，而且里面的内容可以分为 N 个部分。这样的话，我们就可以在网页的顶部设置一些锚点，以便浏览者单击相应的锚点，快速到达本页内相应的位置，而不必在一个很长的网页里自行寻找。

锚点在 URL 的最右边，前面有一个字符"#"。比如下面的#source：

http://www.cnblogs.com/TankXiao/p/7087990.html#source。

「 3.2　HTTP 请求方法 」

HTTP 协议中定义了几种不同的请求命令，这些命令叫作 HTTP 方法（HTTP Method）。每个 HTTP 请求报文中都包含一个方法，这个方法会告诉服务器要执行什么动作，如是要获取一个 Web 页面还是要删除一个文件。

HTTP 协议定义了很多与服务器交互的方法，最基本的有 5 种，分别是 GET、HEAD、POST、PUT、DELETE。一个 URL 地址用于描述一个网络上的资源，而 HTTP 中的 GET、POST、PUT、DELETE 就对应着对这个资源的查、改、增、删 4 个操作。最常见的是 GET 和 POST。GET 一般用于获取/查询资源信息，而 POST 一般用于更新资源信息。

表 3-1 列出了 5 种常见的 HTTP 方法。

表 3-1 常见的 HTTP 方法

号	方 法	描 述
1	GET	请求指定的页面信息并返回实体主体
2	HEAD	类似于 GET 请求，只不过返回的响应中没有具体的内容，用于获取报头
3	POST	向指定资源提交数据进行处理请求（例如提交表单或者上传文件），数据被包含在请求体中。POST 请求可能会导致新的资源的建立和/或对已有资源的修改
4	PUT	从客户端向服务器传送的数据取代指定文档的内容
5	DELETE	请求服务器删除指定的页面

3.2.1 GET 方法

GET 是最常见的方法，用于获取资源，常用于向服务器查询某些信息。如图 3-1 所示。

图 3-1 GET 方法

我们先启动 Fiddler，打开浏览器，输入 http://www.cnblogs.com/tankxiao，从 Fiddler 中我们可以清晰地看到浏览器发出的是 GET 方法。如图 3-2 所示。

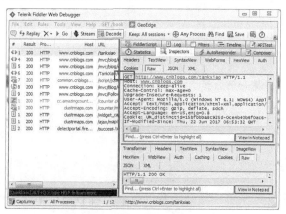

图 3-2 Fiddler 查看 GET 方法

打开网页一般都是用 GET 方法，因为要从 Web 服务器获取信息。

3.2.2　带参数的 GET 方法

浏览器也可以在 GET 方法中把数据传给服务器，数据放在 URL 的问号（？）后面。

将查询字符串参数追加到 URL 末尾，以便将信息发送给服务器。这种方式叫查询字符串，或者叫 Query String。

例如，百度中某搜索 URL 如下：

https://www.baidu.com/s?ie=utf-8&newi=1&mod=1&isbd=1&isid=8e7b7a240008899f&wd=%E5%8D%9A%E5%AE%A2%E5%9B%AD%E5%B0%8F%E5%9D%A6%E5%85%8B&rsv_spt=1&rsv_iqid=0xc6716da200078907&issp=1&f=8&rsv_bp=1&rsv_idx=2&ie=utf-8&rqlang=cn&tn=baiduhome_pg&rsv_enter=0

查询字符串以"名=值"这样的形式出现，多个名值之间用字符"&"隔开。

如图 3-3 所示，在 Fiddler 中，使用 WebForms 选项卡可以更清楚地看到 GET 方法中的查询字符串参数。

图 3-3　Fiddler 中的 WebForms 选项卡

3.2.3　POST 方法

POST 方法通常用来把表单中填好的数据发送给服务器。如图 3-4 所示。

启动 Fiddler，打开浏览器，输入 http://tankxiao.vicp.io/zentao/，输入用户名和密码，然后单击登录。

图 3-4 POST 方法

如图 3-5 所示，我们可以清晰地看到浏览器发出的是 POST 方法，该方法把用户名和密码的信息发送给了服务器。

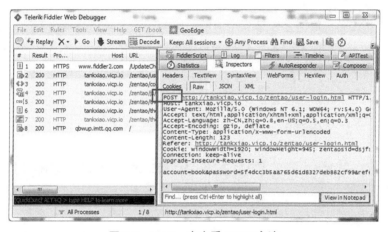

图 3-5 Fiddler 中查看 POST 方法

使用 WebForms Tab 可以更清楚地看到 Body 主体里面的内容。如图 3-6 所示。

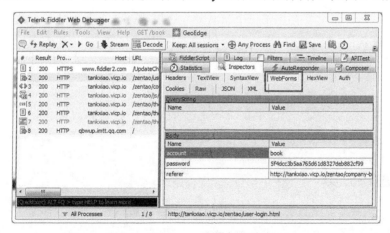

图 3-6 WebForms 选项卡查看 Body

3.2.4　GET 和 POST 方法的区别

GET 和 POST 的区别主要表现在如下方面。

（1）GET 提交的数据会放在 URL 之后，以问号（？）分割 URL 和传输数据，参数之间以&相连，如 EditPosts.aspx?name=test1&id=123456。POST 方法是把提交的数据放在 HTTP 包的 Body 中。

（2）GET 提交的数据大小有限制（因为浏览器对 URL 的长度有限制），而 POST 方法提交的数据大小没有限制。

（3）GET 方式需要使用 Request.QueryString 来取得变量的值，而 POST 方法通过 Request.Form 来获取变量的值。

（4）GET 方式提交数据会带来安全问题，比如一个登录页面通过 GET 方式提交数据时，用户名和密码将出现在 URL 上，如果页面可以被缓存或者其他人可以访问这台机器，就可以从历史记录获得该用户的账号和密码。

『 3.3　HTTP 状态码 』

本节介绍 HTTP 协议中的 HTTP 状态码（HTTP Status Code），会对大部分的状态码进行详细的实例讲解。

要了解状态码，应该在实例中去理解状态码的意义，否则很容易忘记。

3.3.1　什么是 HTTP 状态码

每个 HTTP 响应报文都会携带一个状态码，用于告诉客户端请求是否成功。状态码是一个 3 位数字的代码。

HTTP 状态码存在于 HTTP 的响应报文中，其作用是 Web 服务器用来告诉客户端发生了什么事。

HTTP 响应报文中的第一行，由 HTTP 协议版本号、状态码、状态消息 3 部分组成。状态码用来告诉 HTTP 客户端 Web 服务器是否产生了预期的 HTTP 响应。

3.3.2　状态码分类

HTTP/1.1 中定义了 5 类状态码，状态码由 3 位数字组成，第一个数字定义了响应的类别。

HTTP 状态码被分为 5 大类，支持如表 3-2 所示的状态码。随着协议的发展，HTTP 规范中会定义更多的状态码。

小技巧：假如看到一个状态码 518 而不知道其具体是什么意思，这时候只要知道 518 属于"5XX"（服务器错误）就可以了。

表 3-2　HTTP1.1 支持的状态码

状　态　码	已定义范围	分　　类
1XX	100～101	信息提示，表示请求已被成功接收，继续处理
2XX	200～206	成功，表示请求已被成功接收、理解、接受
3XX	300～305	重定向，要完成请求，必须进行更进一步的处理
4XX	400～415	客户端错误，请求有语法错误或请求无法实现
5XX	500～505	服务器错误，服务器未能实现合法的请求

3.3.3　常见的状态码

一般来说，读者只需要了解如表 3-3 所示的常见的状态码就够了。

表 3-3　常见状态码

名　　称	释　　义
200	OK：服务器成功处理了请求（这个是我们见到最多的）
301/302	Moved Permanently（重定向）：请求的 URL 已移走。Response 中应该包含一个 Location URL，说明资源现在所处的位置
304	Not Modified（未修改）：客户的缓存资源是最新的，需要客户端使用缓存
404	Not Found：未找到资源
401	禁止访问
501	Internal Server Error：服务器遇到一个错误，使其无法对请求提供服务

3.3.4　200（OK）

最常见的状态码就是成功响应状态码 200 了，它表明该请求被成功地完成，所请求的资源成功地发送回客户端。

如图 3-7 所示，打开博客园首页后，用 Fiddler 抓包可以看到状态码是 200。

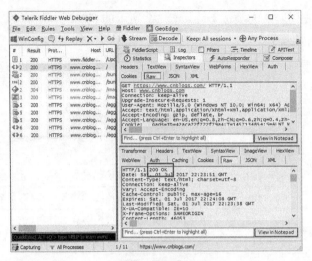

图 3-7　状态码 200

3.3.5　204（No Content，没有内容）

返回的 HTTP 响应中只有一些 Header 和一个状态行，没有实体的主题内容（没有响应 Body）。

204 状态码的作用如下。

（1）在不获取资源的情况下了解资源的情况（比如判断其类型）。

（2）通过查看 HTTP 响应中的状态码看某个对象是否存在。

（3）通过查看 Header 测试资源是否被修改。

实例：如图 3-8 所示，启动 Fiddler，启动浏览器访问 ditu.google.cn，你会捕获到很多 204。

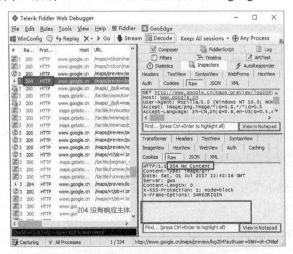

图 3-8　状态码 204

3.3.6　206（Partial Content，部分内容）

206 状态码代表服务器已经成功处理了部分 GET 请求（只有发送 GET 方法的 HTTP 请求，Web 服务器才可能返回 206）。

206 的应用场景如下。

（1）FlashGet、迅雷或者 HTTP 下载工具都是使用 206 状态码来实现断点续传的。

（2）将一个大文档分解为多个下载段同时下载，比如在线看视频。

实例：如图 3-9 所示，一些流媒体技术，比如在线视频可以边看边下载，就是使用 206 状态码来实现的。

图 3-9　状态码 206

启动 Fiddler，然后用浏览器打开"搜狐视频中的绿箭侠"http://tv.sohu.com/20121011/n354681393.shtml，然后你在 Fiddler 中就能看到一堆的 206。

（1）浏览器发送一个 GET 方法的 HTTP 请求，Header 中包含 Range: bytes=5303296-5336063（意思就是请求得到 5303296～5336063 之间的数据）。

（2）Web 服务器返回一个 206 的 HTTP 响应。Header 中包含 Content-Range: bytes 5303296-5336063/12129376（表明这次返回的内容范围）。

3.3.7　301（Moved Permanently）

服务器返回 301 的时候，表示请求的网页已经永久性地转移到另一个地址。

在如下情况下需要用到 301。

（1）防止用户输错域名。比如 Google 担心用户输错域名，就把其他类似的域名买下来，比如 go0gle.com，然后重定向到 www.google.com。

（2）网站更换域名。一些网站壮大后，会换个更好的域名。比如京东以前的域名是 www.360buy.com，现在的域名是 www.jd.com。

（3）有多个权重不错的域名，需要把所有的权重都传递到新域名上，这就需要 301 重定向了。如果不设置 301，多个域名绑定在一个主机头上，会被搜索引擎认为是两个相同的站点，不利于网站的排名。绑定的域名越多，内容重复度也就越高，排名越低。

实例：查看京东的老域名跳转到新域名。

启动 Fiddler，在浏览器中输入 www.360buy.com，可以看到跳转过程如图 3-10 所示。

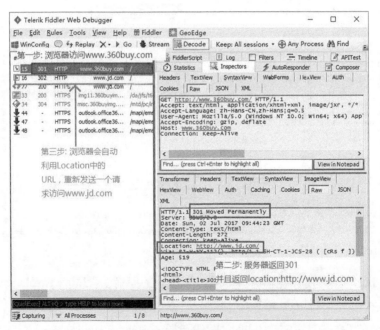

图 3-10　状态码 301

（1）浏览器发送请求访问 www.360buy.com，服务器返回 301，并且 Location 是 www.jd.com。

（2）浏览器会读取 Location 中的 URL，自动发送一个新的 HTTP 请求去访问 www.jd.com。

3.3.8　302（Found）

当我们访问一个 URL 的时候，服务器要我们访问另一个资源，这时候浏览器会继续发一个 HTTP，请求访问新的资源。

实例：如图 3-11 所示，在未登录状态下，直接访问需要登录才能访问的页面，会被服务器返回 302，跳转到登录页面。具体操作步骤如下。

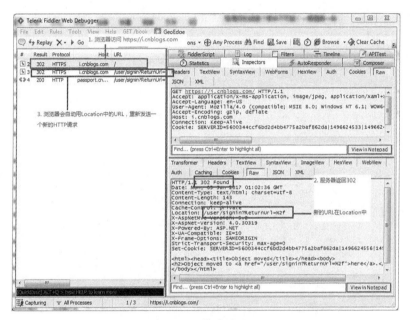

图 3-11　状态码 302

（1）启动 Fiddler，打开浏览器，直接在地址栏中输入 https://i.cnblogs.com/。

（2）在 Fiddler 中可以看到服务器返回 302，并且 Location=/user/signin?ReturnUrl=%2f（告诉客户端，新的资源在这里）。

（3）浏览器会自动再发送一个新的 HTTP 请求——去访问 https://i.cnblogs.com/user/signin?ReturnUrl=%2f。

3.3.9　301 和 302 的区别

状态码 301 和 302 在语法上是一模一样的，都是在 Location 中返回新的 URL。两者的区别在于：

（1）301 表示旧地址的资源已经被永久地移除了（这个资源不可访问了），搜索引擎会把权重算到新地址；

（2）302 表示旧地址的资源还在（仍然可以访问），这个重定向只是临时地从旧地址跳转到新地址，搜索引擎会把权重算到旧地址。

3.3.10　304（Not Modified）

304 状态码代表上次的文档已经被缓存了，还可以继续使用。

例如打开博客园首页，会发现很多 HTTP 响应的状态码都是 304，如图 3-12 所示。304 的响应是没有 Body 的。

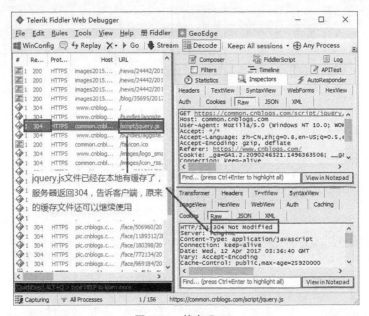

图 3-12　状态码 304

如果你不想使用本地缓存，可以用【Ctrl+F5】组合键强制刷新页面。

3.3.11　400（Bad Request）

状态码 400 表示客户端请求有语法错误，发送的 HTTP 请求中的数据有错误（如表单有错误、Cookie 有错误）。不能被服务器所理解。

实例：快递查询接口，如果参数不对，服务器会返回 400 状态码。

如图 3-13 所示，打开 Fiddler，在浏览器中输入 http://www.kuaidi100.com/query?type=
{%22code%22:%22100%22}。

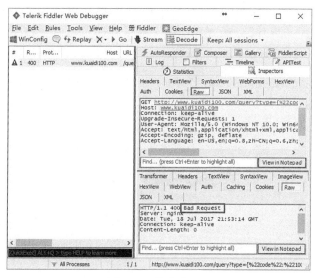

图 3-13　状态码 400

3.3.12　401（Unauthorized）

状态码 401 是指未授权错误。有些网页采用的是 HTTP 基本认证（Basic Authentication），
需要在 HTTP 请求中带上 Authorization Header，否则服务器会返回状态码 401，如图 3-14
所示。

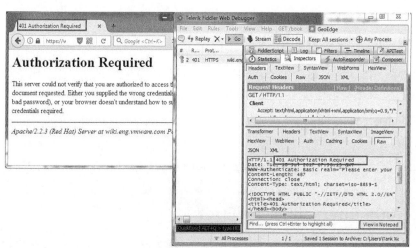

图 3-14　状态码 401

3.3.13　403（Forbidden）

403 状态码表示 Web 客户端发送的请求被 Web 服务器拒绝了。如果服务器想说明为什么拒绝请求，可以在 Body 中描述原因。但这个状态码通常表示服务器不想说明拒绝原因。

访问 URL：http://t2.baidu.com/it/u=1791561788,200960144&fm=0&gp=0.jpg，会被服务器拒绝，并且返回 403 状态码，如图 3-15 所示。

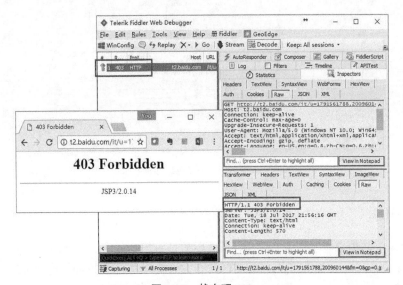

图 3-15　状态码 403

3.3.14　404（Not Found）

当你访问一个 URL，这个 URL 的域名是正确的，但是资源不存在，服务器就会返回 404 状态码，告诉浏览器资源不存在（意味着输错了 URL）。

启动 Fiddler，输入 http://www.cnblogs.com/TankXiao/p/888.html（888.html 这个文件在服务器上不存在）。

如图 3-16 所示，我们可以看到 Web 服务器会返回 404 状态码，这个 404 页面是可以自定义的。

3.3.15　500（Internal Server Error）

状态码 500 代表服务器内部错误。出现错误的原因有很多，比如代码的错误、数据库连接语句出错、程序内部抛出异常、空指针错误等。

图 3-16　状态码 404

如图 3-17 所示，当数据库连接不成功的时候，服务器返回 500 状态码。

图 3-17　状态码 500

3.3.16　503（Server Unavailable）

　　状态码 503 表示服务器暂时不可用。由于服务器维护或者过载，服务器当前无法处理请求；这个状况是临时的，并且将在一段时间以后恢复，如图 3-18 所示。

图 3-18　状态码 503

第 4 章

——HTTP 协议 Header 介绍——

HTTP 请求和 HTTP 响应中有很多 Header，HTTP 请求方法和 HTTP Header 配合工作，共同决定客户端和服务器能做什么事情。我们需要掌握每一个 Header 的用法。

Header 翻译成中文，叫"首部"或者"头域"。为了避免混乱，我们直接称之为 Header。

『 4.1 HTTP Header 介绍 』

HTTP 请求中有 Header，HTTP 响应中也有 Header。使用 Fiddler 的 Raw 选项卡可以看到完整的 Header。

Header 的语法格式是"key：value"，一行一个 Header。每一个 Header 都有特殊的作用，在 Fiddler 中可以查看完整的 Header，如图 4-1 所示。

『 4.2 Fiddler 查看 HTTP 请求 Header 』

使用 Fiddler 能很方便地查看 HTTP 请求 Header。选中一个 HTTP 请求，单击 Inspectors tab -> Request tab -> Headers，如图 4-2 所示。

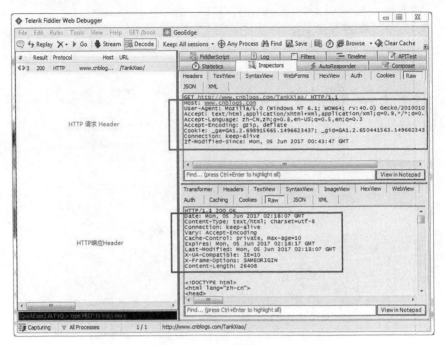

图 4-1　Fiddler 查看 Header

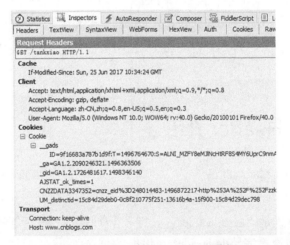

图 4-2　Fiddler 中的 Headers 选项卡

　　Header 有很多，比较难以记忆。Fiddler 中的 Headers 选项卡把 Header 进行了分类，这样比较清晰，也容易记忆。

4.2.1　Cache 相关的 Header

　　HTTP 请求和 HTTP 响应中都有很多用于缓存的 Header。

HTTP 缓存是指当 Web 请求抵达缓存时，如果本地有"已缓存的"副本，就可以从本地存储设备而不是从原始服务器中提取这个文档。

本书第 6 章会专门讲缓存，并对 Cache 相关的 Header 进行详细讲解。

4.2.2　Cookies

Cookie 是一种 HTTP Header，是 HTTP 中非常重要的内容。它由 key=value 的形式组成，比如 ip_country=CN。

浏览器把 Cookie 通过 HTTP 请求中的"Cookie: header"发送给 Web 服务器，Web 服务器通过 HTTP 响应中的"Set-Cookie: header"把 Cookie 发送给浏览器。

本书第 11 章会详细讲解 Cookie。

4.2.3　Accept

Accept 表示浏览器客户端可以接受的媒体类型。

例如，Accept: text/html 代表浏览器可以接受服务器返回 html，也就是我们通常说的 html 文档。

通配符*代表任意类型，例如 Accept: text/html,*/*;q=0.8 代表浏览器可以处理所有的类型。一般浏览器客户端给 Web 服务器发送的都是这个。

4.2.4　Accept-Encoding

Accept-Encoding 跟压缩有关，浏览器发送 HTTP 请求给 Web 服务器，HTTP 请求中的 Header 有 Accept-Encoding: gzip, deflate（告诉服务器，浏览器支持 gzip 压缩）。

本书第 7 章会对压缩进行详细讲解。

4.2.5　Accept-Language

Accept-Language 的作用是浏览器声明自己接受的语言。

语言跟字符集的区别在于：中文是语言，中文有多种字符集，比如 big5、gb2313、gbk 等。示例如下：

Accept-Language: en-US,en;q=0.8,zh-CN;q=0.6,zh;q=0.4,zh-TW;q=0.2

4.2.6 User-Agent

User-Agent 的作用是浏览器用来告诉服务器，客户端使用的操作系统及版本、CPU 类型、浏览器及版本、浏览器渲染引擎、浏览器语言、浏览器插件等。

```
User-Agent: Mozilla/5.0 (Windows NT 10.0; WOW64; rv:40.0) Gecko/20100101 Firefox/40.0<br>
```

这个代表客户端用的是 64 位 win10 系统，Firefox 是 40.0 版本。

假如用手机的 APP 访问网站，APP 中的 HTTP 请求会包含如下的 User-Agent：

```
User-Agent:Dalvik/2.1.0 (Linux; U; Android 6.0; Redmi Note 4 MIUI/ V8.5.2.0.MBFCNED)
```

这个 User-Agent 表示客户端用的是红米 Note 4，Android 6.0 版本。

如果我们想模拟各种不同的客户端，只需要修改 User-Agent，就可以伪装成各种客户端。

4.2.7 实例：Fiddler 修改 User-Agent，伪装客户端

Fiddler 可以帮我们修改 User-Agent，这样就能伪装成任何客户端。操作步骤如下。

（1）启动 Fiddler，单击 Rules->User-Agents，选择 iPhone6，如图 4-3 所示。

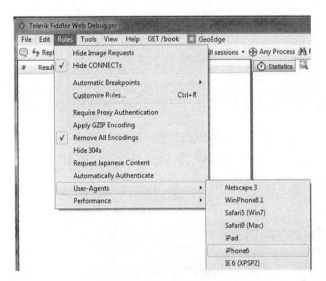

图 4-3　Fiddler 修改 Header

（2）打开浏览器，输入 www.taobao.com，可以看到淘宝的页面变成了移动版的淘宝页面。

（3）在 Fiddler 中，我们可以查看 User-Agent 的值如下：

```
1    User-Agent:Mozilla/5.0 (iPhone; CPU iPhone OS 8_3 like Mac OS X) AppleWebKit/
600.1.4 (KHTML, like Gecko) Version/8.0 Mobile/12F70 Safari/600.1.4
```

4.2.8　Referer

HTTP 协议头中的 Referer 主要用来让服务器判断来源页面，即用户是从哪个页面来的。网站通常用其来统计用户来源，看用户是从搜索页面来的，还是从其他网站链接过来的，或是从书签等访问的，以便合理定位网站。

Referer 有时也被用作防盗链，即下载时判断来源地址是不是在网站域名之内，否则就不能下载或显示。很多网站，如天涯就是通过 Referer 页面来判断用户是否能够下载图片的。

实例：天涯网站中的图片会验证 Referer；如果没有 Referer，网站会认为是盗链。

（1）在 www.tianya.cn 中找到一张图片的网址，例如 http://img3.laibafile.cn/p/m/280148719.png。

（2）启动 Fiddler，打开浏览器，直接输入 http://img3.laibafile.cn/p/m/280148719.png。

（3）我们可以看到图片上显示"该图片仅供天涯社区用户分享"。

（4）如图 4-4 所示，在 Fiddler 中可以看到 HTTP 请求中没有 Referer，所以被 Web 服务器认为是盗链。

图 4-4　没有 Referer 就会被服务器认为是盗链

4.2.9 Connection

从 HTTP/1.1 起，系统默认都开启了 Connection:Keep-Alive，保持连接特性。

HTTP 协议是基于 TCP 协议的。当一个网页完全打开后，客户端和服务器之间用于传输 HTTP 数据的 TCP 连接不会关闭；如果客户端再次访问这个服务器上的网页，将会继续使用这一条已经建立的连接。

Keep-Alive 不会永久保持连接，它有一个保持时间，可以在不同的服务器软件（如 Apache）中设定这个时间。

4.2.10 Host

Host 这个 Header 是必需的，它的作用是指定被请求的主机和端口号，它通常从 HTTP URL 中提取出来。

实例：我们在浏览器中输入 https://www.cnblogs.com/tankxiao/，浏览器发送的 HTTP 请求中就会包含 Host 的 Header，例如 Host: www.cnblogs.com。此处使用了默认端口 80。

如果指定了端口号，例如我们在浏览器中输入 http://tankapi.vicp.io:15375/，则 Header 变为 Host: tankapi.vicp.io:15375。

『 4.3　Fiddler 查看 HTTP 响应 Header 』

如图 4-5 所示，单击"Inspectors tab"，在 HTTP 响应中单击"Headers"能看到 Fiddler 对 HTTP 响应 Header 进行了分类，如图 4-5 所示。

图 4-5　Fiddler 查看响应 Header

『 4.4　Fiddler 查看和复制 Header 』

在 Inspectors 下面的 Headers tab 窗口里，我们可以很方便地查看或者复制 Header，如图 4-6 所示。

图 4-6　Fiddler 中 Header 的操作

第5章

——Web 网页抓包和 Fiddler 修改包——

Fiddler 不但可以捕获到 HTTP 请求和 HTTP 响应，而且可以随意修改 HTTP 请求和 HTTP 响应，比如可以修改 HTTP 请求中的 Referer、Cookie 等。能修改数据包的话，就能玩出很多花样。可以通过"伪造"相应信息达到相应的目的，如可以模拟用户的请求等。

通过构造请求数据，可以突破表单的限制，随意提交数据；也可以绕过 JavaScript 和表单的限制来调试；还可以拦截 HTTP 响应，修改 HTTP 相应的 Headcr 和 Body。

『 5.1 网页是如何打开的 』

5.1.1 一个网页的组成

一个网页是由多个组件组成的，如图 5-1 所示。

图 5-1 网页的组成

5.1.2　打开一个网页，浏览器需要发送很多个请求

在浏览器中，打开一个网页的过程如下。

（1）在浏览器输入 http://www.cnblogs.com。

（2）浏览器会发送第一个 HTTP 请求去获取页面布局的 HTML，这个请求叫作"父请求"。然后服务器把 HTTP 响应发回给浏览器。

（3）浏览器会分析 HTTP 响应中的 HTML。如果发现 HTML 中引用了很多其他文件，比如图片、CSS 文件、JS 文件等，浏览器会自动再次发送很多 HTTP 请求，去获取图片、CSS 文件或者 JS 文件。这些 HTTP 请求叫作"子请求"。

（4）当所有子请求的响应都返回后，浏览器会把 1 个父请求加上多个子请求渲染出来。这样就形成了一个页面，网页就在浏览器上显示出来。

5.1.3　用 Fiddler 查看一个 Web 页面打开的过程

启动 Fiddler，打开浏览器，输入 www.cnblogs.com/tankxiao。Fiddler 抓包如图 5-2 所示。

图 5-2　父请求和子请求

我们可以看到 Fiddler 捕获了很多 HTTP 请求，其中 http://www.cnblogs.com/tankxiao/这个

URL 是父请求，其他都是子请求。等所有请求的响应都结束后，浏览器才渲染页面。

如果没有采用 AJAX 技术，则某个子请求加载速度慢将会影响整个网页的加载速度。

5.1.4　用 Fiddler 选择请求

（1）用 Fiddler 选择子请求。先找到父请求，鼠标右键选择 Select->Child Requests，就能选中所有的子请求，或者按快捷键【C】，如图 5-3 所示。

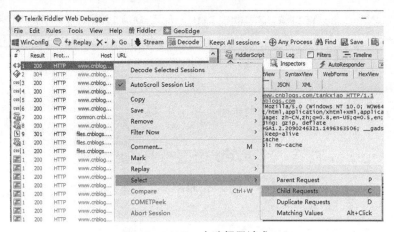

图 5-3　Fiddler 中选择子请求

（2）用 Fiddler 选择父请求。找到任何一个子请求，鼠标右键选择 Select->Parent Requests，就能选中父请求，或者按快捷键【P】，如图 5-4 所示。

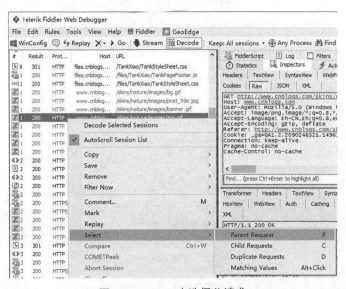

图 5-4　Fiddler 中选择父请求

（3）用 Fiddler 选择相同的请求。选择一个请求，鼠标右键选择 Select->Duplicate Requests，就能选中相同的请求了，或者按快捷键【D】，如图 5-5 所示。

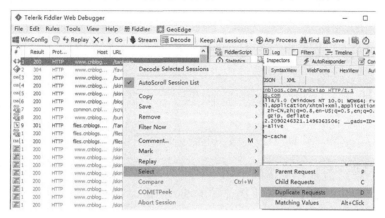

图 5-5　Fiddler 中选择同样的请求

5.2　Web 页面简单的性能测试

如上所述，一个网页的加载速度跟父请求和子请求都是有关系的。

（1）子请求出现了 404 或者 500 之类的错误，会严重影响整个网页的加载速度。

（2）子请求的响应速度慢也会影响网页加载的速度。

我们可以使用 Fiddler 来查看打开一个网页的每个请求的响应时间和状态码。如图 5-6 所示，启动 Fiddler 中的 Statistics 面板可以清楚地看到每个 HTTP 请求的响应时间。

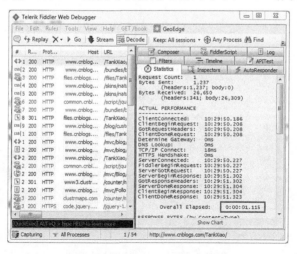

图 5-6　使用 Statistics 查看性能

　　Statistics 是一个详情和数据统计面板，显示了每条 HTTP 请求的具体统计信息，如发送和接收的字节数、发送和接收的时间，以及粗略统计的世界各地访问该服务器所花费的时间。

　　在 Overall Elapsed 中能看到 HTTP 响应返回所需要的响应时间。

5.3　使用 Fiddler 来查看响应

　　HTTP 响应可能是一个 HTML 文档，可能是一个图片，也可能是一个 JSON。

　　使用 Raw 选项卡可以查看完整的 HTTP 响应，我们也可以用其他选项卡来查看。

　　如果 HTTP 响应的是 HTML 文档，如图 5-7 所示，则我们可以用 WebView 选项卡来查看。

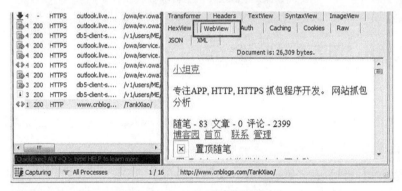

图 5-7　WebView 选项卡查看响应

　　如果 HTTP 响应是图片，如图 5-8 所示，那么我们可以用 ImageView 选项卡来查看。

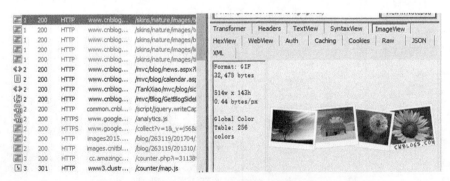

图 5-8　ImageView 选项卡查看响应

　　如果 HTTP 响应是 JSON，如图 5-9 所示，我们可以通过 JSON tab 选项卡来格式化 JSON，这样查看起来更方便。

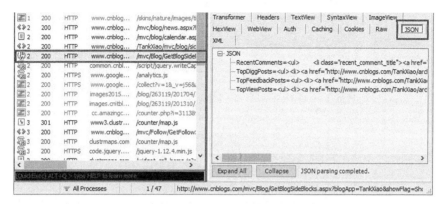

图 5-9　JSON 选项卡查看响应

5.4　Fiddler 下断点，修改 HTTP 报文

Fiddler 不但能抓包，还能改包。想要修改 HTTP 报文，就需要先下断点拦截住 HTTP 请求报文或者 HTTP 响应报文，修改后再放行。

Fiddler 既能修改 HTTP 请求报文，也能修改 HTTP 响应报文。

5.4.1　Fiddler 中设置断点修改 HTTP 请求

Fiddler 本身是一个代理服务器，Fiddler 可以设置断点，拦截住 HTTP 请求，修改 HTTP 请求后再放行。如图 5-10 所示。

图 5-10　Fiddler 拦截 HTTP 请求

设置好断点后，你可以修改 HTTP 请求的任何信息，包括 Host、Cookie 或者表单中的数据。设置断点有以下两种方法。

第一种叫全局断点。启动 Fiddler，单击菜单栏中的 Rules -> Automatic Breakpoint -> Before Requests，或者使用快捷键【F11】，如图 5-11 所示，这种方法会拦截所有的会话。

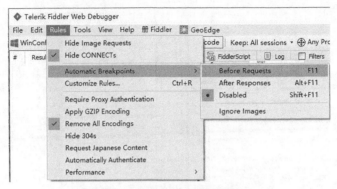

图 5-11　Fiddler 中设置全局断点

要想取消全局断点，可以单击 Rules -> Automatic Breakpoint -> Disabled，或者使用快捷键【Shift+F11】。

第二种叫单个断点。已知某个请求的 URL 地址，这时候只需要针对这一个请求打断点调试，其他的请求不拦截。

在 Fiddler 左下角的 QuickExec 命令行中输入命令"bpu www.baidu.com"，如图 5-12 所示，这种方法只会拦截 www.baidu.com。

图 5-12　QuickExec 下单个断点

要想消除单个断点，可以在命令行中输入命令"bpu"。

5.4.2　实例：Fiddler 修改 HTTP 请求

浏览器想访问 www.163.com，则通过 Fiddler 修改 HTTP 请求，让浏览器去访问 www.cnblogs. com/tankxiao。具体操作步骤如下。

（1）启动 Fiddler，在菜单栏中单击 Rules -> Automatic Breakpoint -> Before Requests。

（2）打开浏览器，输入"www.163.com"，这时候你会发现任务栏上的 Fiddler 图标在闪烁，说明 Fiddler 拦截住了 HTTP 请求。

（3）回到 Fiddler 界面，在菜单栏中单击 Rules-> Automatic Breakpoint->Disable（因为已经拦截住想要的 HTTP 请求了，其他 HTTP 请求就不需要拦截了）。

（4）被拦截的 HTTP 请求有一个红色的 T 图标，选中需要修改的 HTTP 请求，选中"Inspectors"面板，使用 Raw 选项卡（必须要在 Raw 选项卡下才能修改）。

（5）如图 5-13 所示，把 URL 修改为"www.cnblogs.com/tankxiao"，同时把 HOST 修改为"www.cnblogs.com"，然后单击绿色的"Run to Completion"按钮放行。

图 5-13　Fiddler 修改 HTTP 请求

（6）回到浏览器，此时我们会发现浏览器打开的是 cnblogs 的页面了。

如果单击黄色按钮"Break on Response"，则会继续拦截这个 HTTP 请求的响应。

5.4.3　Fiddler 中设置断点修改 HTTP 响应

当然 Fiddler 中也能修改 HTTP 响应。拦截住 HTTP 响应，修改 HTTP 响应后再放行。如图 5-14 所示。

图 5-14　Fiddler 下断点拦截 HTTP 响应

设置断点，拦截 HTTP 响应也有 2 种方法，具体如下。

第一种是全局断点。启动 Fiddler，单击 Rules -> Automatic Breakpoint -> After Response。这种方法会中断所有的会话。

要想取消全局断点，可以单击 Rules -> Automatic Breakpoint -> Disabled。

第二种是单个断点。在命令行中输入命令"bpafter www.baidu.com"。这种方法只会中断 www.baidu.com。

要想消除单个断点，可以在命令行中输入命令"bpafter"。

5.4.4　Fiddler 修改网页的标题

实例：用户访问一个网页，通过 Fiddler 修改响应的方法修改网页的标题。具体操作步骤如下。

（1）启动 Fiddler，在左下角的 QuickExec 命令行中输入"bpafter http://www.cnblogs.com/TankXiao/p/7087990.html"。如图 5-15 所示。

图 5-15　bpafter 命令

（2）打开浏览器，输入"http://www.cnblogs.com/TankXiao/p/7087990.html"。

（3）在 Fiddler 中选中"http://www.cnblogs.com/TankXiao/p/7087990.html"，选中"Inspectors"面板，Response 下使用 Raw 选项卡（必须要在 Raw 选项卡下才能修改）。

（4）如图 5-16 所示，修改 HTML 代码为"<title>我修改了这里</title>"，然后单击"Run to Completion"放行。

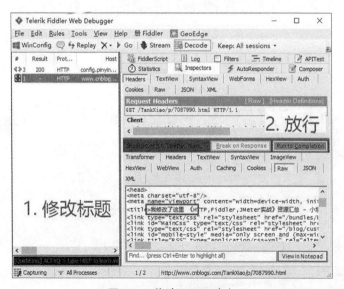

图 5-16　修改 HTTP 响应

（5）在浏览器中查看网页的标题。

5.4.5　伪造 Referer

在上一章中我们讲过，如果没有 Referer，有些网站会认为是盗链。我们现在使用 Fiddler 来伪造一个 Referer，具体操作步骤如下：

（1）启动 Fiddler，设置一个全局断点，在菜单栏中单击 Rules -> Automatic Breakpoint -> Before Requests。

（2）打开浏览器，输入"http://img3.laibafile.cn/p/m/280148719.png"。

（3）这时候，Fiddler 会拦截到该请求。在 Raw 选项卡上修改 HTTP 请求，添加一个 "Referer:www.tianya.cn"。如图 5-17 所示。

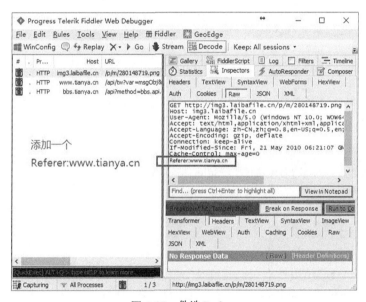

图 5-17　伪造 Referer

（4）单击绿色的"Run to Completion"按钮放行，我们发现浏览器中能看到真正的图片。

第6章

━━━ HTTP 协议中的缓存 ━━━

第 6 章 HTTP协议中的缓存

6

HTTP 协议提供了非常强大的缓存机制，了解这些缓存机制对提高网站的性能非常有帮助。本章介绍浏览器和 Web 服务器之间如何处理浏览器缓存，以及介绍控制缓存的 HTTP Header。

在学习本章的时候，请务必启动 Fiddler 来实践。

『 6.1　缓存的概念 』

缓存这个东西真的是无处不在，有浏览器端的缓存，有服务器端的缓存，有代理服务器的缓存，有 ASP.NET 页面缓存，也有对象缓存，数据库也有缓存，等等。

HTTP 中具有缓存功能的是浏览器缓存和代理服务器缓存。

HTTP 缓存是指当 Web 请求抵达缓存时，如果本地有"已缓存的"副本，就可以从本地存储设备而不是从原始服务器中提取这个文档。

『 6.2　缓存的优点 』

缓存的好处是显而易见的，具体如下。

（1）减少了冗余的数据传输，节省了传输时间。

（2）减少了服务器的负担，大大提高了网站的性能。

（3）加快了客户端加载网页的速度。

『 6.3　Fiddler 可以方便地查看缓存的 Header 』

Fiddler 中的 Header 选项卡把 Header 都分门别类地放在一起，把跟 Cache 相关的 Header 放在一起，这样方便查看，如图 6-1 所示。

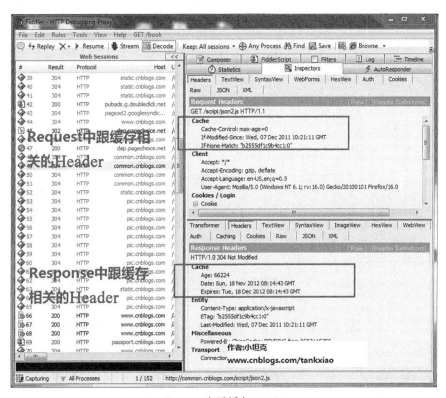

图 6-1　查看缓存 Header

『 6.4　如何判断缓存新鲜度 』

Web 服务器通过以下 2 种方式来判断浏览器缓存是否最新。

（1）浏览器把缓存文件的最后修改时间通过 Header "If-Modified-Since" 告诉 Web

服务器。

（2）浏览器把缓存文件的 ETag 通过 Header "If-None-Match" 告诉 Web 服务器。

『 6.5 通过最后修改时间来判断缓存新鲜度 』

浏览器可以通过缓存文件的修改时间来判断缓存的新鲜度。具体步骤如下。

（1）如果浏览器客户端想请求一个文档，它首先检查本地缓存，发现存在这个文档的缓存，获取缓存中文档的最后修改时间，通过 "If-Modified-Since" 发送 HTTP 请求给 Web 服务器。

（2）Web 服务器收到 HTTP 请求，将服务器的文档修改时间（Last-Modified）跟 HTTP 请求 Header 中的 If-Modified-Since 相比较。如果时间是一样的，说明缓存还是最新的，Web 服务器将发送状态码 304（Not Modified）给浏览器客户端，告诉客户端直接使用缓存里的版本。如图 6-2 所示。

图 6-2 缓存有效

（3）假如该文档已经被更新了，Web 服务器将发送该文档的最新版本给浏览器客户端。如图 6-3 所示。

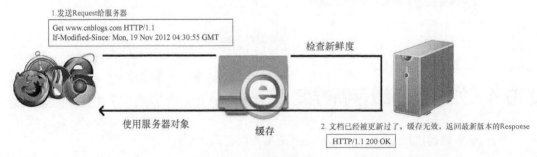

图 6-3 缓存无效

实例：启动 Fiddler，然后打开博客园首页。按快捷键【F5】刷新几次浏览器，你会看到博客园首页也用了缓存。如图 6-4 所示。

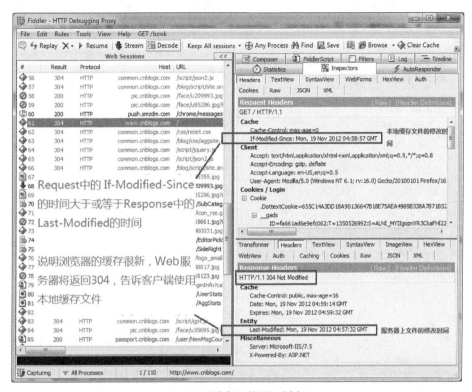

图 6-4　博客园使用了缓存

6.6　与缓存有关的 Header

跟缓存相关的 Header 的具体含义如表 6-1、表 6-2 所示。

表 6-1　HTTP 请求中跟缓存相关的 Header

名　　称	释　　义
Cache-Control: max-age=0	以秒为单位
If-Modified-Since: Mon, 19 Nov 2012 08:38:01 GMT	缓存文件的最后修改时间
If-None-Match: "0693f67a67cc1:0"	缓存文件的 Etag 值
Cache-Control: no-cache	不使用缓存
Pragma: no-cache	不使用缓存

表 6-2　HTTP 响应中跟缓存相关的 Header

名　　称	释　　义
Cache-Control: public	响应被缓存，并且在多用户间共享
Cache-Control: private	响应只能作为私有缓存，不能在用户之间共享
Cache-Control:no-cache	提醒浏览器要从服务器提取文档进行验证
Cache-Control:no-store	绝对禁止缓存（用于机密、敏感文件）
Cache-Control: max-age=60	60s 之后缓存过期（相对时间）
Date: Mon, 19 Nov 2012 08:39:00 GMT	当前响应发送的时间
Expires: Mon, 19 Nov 2012 08:40:01 GMT	缓存过期的时间（绝对时间）
Last-Modified: Mon, 19 Nov 2012 08:38:01 GMT	服务器端文件的最后修改时间
ETag: "20b1add7ec1cd1:0"	服务器端文件的 ETag 值

如果同时存在 cache-control 和 Expires 怎么办呢？浏览器总是优先使用 cache-control，如果没有 cache-control 才考虑 Expires。

6.7　ETag

ETag 是 Entity Tag（实体标签）的缩写，是根据实体内容生成的一段 hash 字符串（类似于 MD5 或者 SHA1 之后的结果），可以标识资源的状态。当资源发生改变时，ETag 也随之发生变化。

ETag 是 Web 服务端产生的，然后发给浏览器客户端。浏览器客户端不用关心 ETag 是如何产生的。

使用 ETag 主要是为了解决一些 Last-Modified 无法解决的问题。

（1）某些服务器不能精确得到文件的最后修改时间，这样就无法通过最后修改时间来判断文件是否更新了。

（2）某些文件的修改非常频繁，在以秒为单位以下的时间内进行修改，而 Last-Modified 只能精确到秒。

（3）一些文件的最后修改时间改变了，但是内容并未改变，我们不希望客户端认为这个文件修改了。

实例：启动 Fiddler，然后打开博客园首页。你可以看到很多图片或者 CSS 文件都使用了缓存。这些都是通过比较 ETag 的值来判断文件是否更新了。如图 6-5 所示。

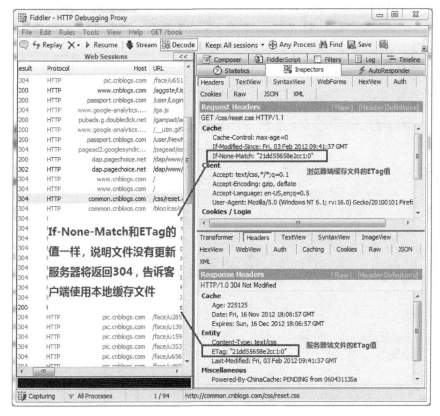

图 6-5　ETag

『 6.8　浏览器不使用缓存 』

使用【Ctrl+F5】快捷键强制刷新浏览器，可以让浏览器不使用缓存。

（1）浏览器发送 HTTP 请求给 Web 服务器，Header 中带有 Cache-Control: no-cache，明确告诉 Web 服务器客户端不使用缓存。

（2）Web 服务器将把最新的文档发送给浏览器客户端。

实例：启动 Fiddler，打开博客园首页，然后按【Ctrl+F5】快捷键强制刷新浏览器。你将看到浏览器发送的 HTTP 请求中有 "Cache-Control:no-cache"，如图 6-6 所示。

"Pragma: no-cache" 的作用和 "Cache-Control: no-cache" 一模一样，都是不使用缓存。

"Pragma: no-cache" 是 HTTP1.0 中定义的，所以为了兼容 HTTP1.0 会同时使用 "Pragma: no-cache" 和 "Cache-Control: no-cache"。

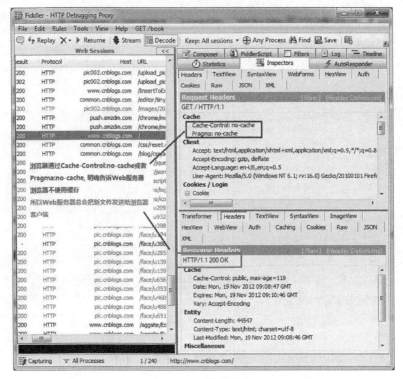

图 6-6　不使用缓存

⌈ 6.9　直接使用缓存，不去服务器验证 ⌋

按【F5】快捷键刷新浏览器并在地址栏里输入网址，然后按回车键，这两个行为是不一样的。

按【F5】快捷键刷新浏览器，浏览器会去 Web 服务器验证缓存。

如果是在地址栏输入网址然后按回车键，浏览器会"直接使用有效的缓存"，而不会发送 HTTP 请求去服务器验证缓存，这种情况叫作缓存命中，如图 6-7 所示。

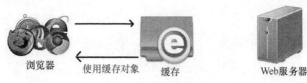

图 6-7　直接使用缓存

实例：比较第一次访问博客园主页和第二次访问博客园主页。

（1）启动 Fiddler，打开 Firefox，打开博客园主页 www.cnblogs.com，发现有 50 多个 Session。

（2）按【Ctrl+X】快捷键将 Fiddler 中的所有 Session 删除。

（3）关闭 Firefox 后，然后再次打开博客园主页，可以看到只有 30 多个 Session。

分析：少了很多 Session 是因为 Firefox 直接使用了缓存，而没有发送 HTTP 请求，如图 6-8 所示。

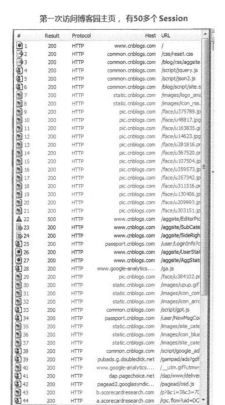
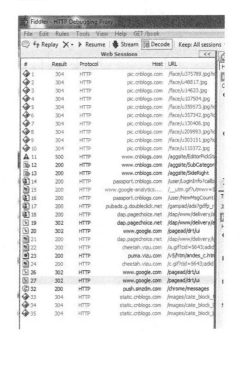

图 6-8　网站直接使用缓存

6.10　如何设置 IE 不使用缓存

打开 IE，单击工具栏上的工具-> Internet 选项-> 常规-> 浏览历史记录-> 设置，选择"从不"，然后保存，可以让浏览器不使用缓存，如图 6-9 所示。

单击"删除"，可以把 Internet 临时文件都删掉（IE 缓存的文件就是 Internet 临时文件）。

缓存文件都保存在一个文件夹下，这个文件夹可以这样找到：打开 IE，单击工具栏上的工具-> Internet 选项-> 常规-> 浏览历史记录-> 设置->查看文件。

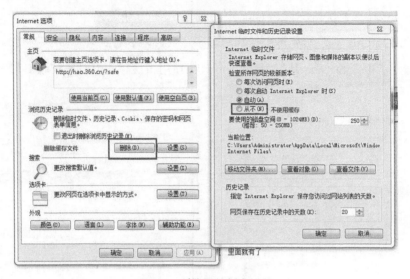

图 6-9　浏览器的缓存设置

『 6.11　公有缓存和私有缓存的区别 』

"Cache-Control: public" 指可以公有缓存，缓存可以由数千名用户共享。"Cache-Control: private" 指只支持私有缓存，私有缓存是单个用户专用的，如图 6-10 所示。

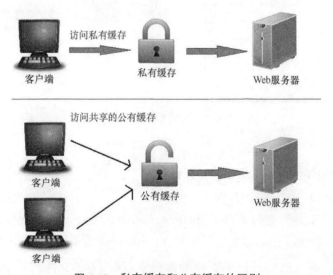

图 6-10　私有缓存和公有缓存的区别

■■ 第 7 章 ■■

── HTTP 协议压缩和 URL Encode ──

　　HTTP 压缩是指 Web 服务器和浏览器之间压缩传输"文本内容"的方法。HTTP 采用通用的压缩算法，比如用 gzip 来压缩 HTML、JavaScript、CSS 文件，能大大减少网络传输的数据量，提高了用户显示网页的速度。当然，这同时也会增加一点点服务器的开销。本文从 HTTP 协议的角度来理解 HTTP 压缩这个概念。

『 7.1　HTTP 压缩的过程 』

　　（1）浏览器发送 HTTP 请求给 Web 服务器，请求中的 Header 能 Accept-Encoding: gzip, deflate（告诉服务器，浏览器支持 gzip 压缩）。

　　（2）Web 服务器接到 HTTP 请求后，生成原始的 HTTP 响应，其中有原始的 Content-Type 和 Content-Length。

　　（3）Web 服务器通过 gzip 来对 HTTP 响应进行编码，编码后 Header 中有 Content-Type 和 Content-Length（压缩后的大小），并且增加了 Content-Encoding:gzip，然后把 HTTP 响应发送给浏览器。

　　（4）浏览器接到 HTTP 响应后，根据 Content-Encoding:gzip 来对 HTTP 响应进行解码，获取到原始 HTTP 响应后显示出网页。如图 7-1 所示。

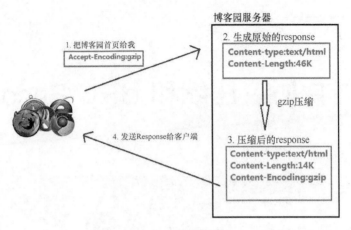

图 7-1　压缩的过程

7.1.1　实例：Fiddler 观察 HTTP 压缩

我们可以使用 Fiddler 来捕获网站、查看压缩。比如博客园就使用了 gzip 压缩。启动 Fiddler，在浏览器中打开 https://www.cnblogs.com，可以看到 HTTP 响应是乱码，并且出现了一个长长的黄色按钮 "Response body is encoded.Click to decode."。单击这个按钮就可以解压 HTTP 响应，如图 7-2 所示。

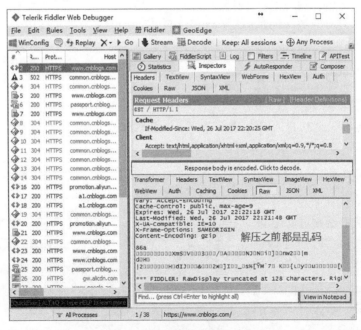

图 7-2　被压缩的 HTTP 响应

在 Fiddler 中，每次都要手动去 decode 实在太麻烦。单击工具栏上的"Decode"按钮，就可以自动解压了，如图 7-3 所示。

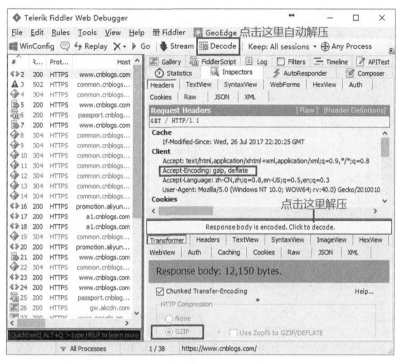

图 7-3 启动解压 HTTP 响应

7.1.2 内容编码类型

HTTP 定义了一些标准的内容编码类型，并允许用扩展的形式添加更多的编码。

Content-Encoding header 就是用这些标准化的代号来说明编码时使用的算法。

gzip 表明实体采用 GNU zip 编码。

compress 表明实体采用 UNIX 的文件压缩程序。

deflate 表明实体是用 zlib 的格式压缩的。

identity 表明没有对实体进行编码；当没有 Content-Encoding header 时，就默认为这种情况。

gzip、compress 以及 deflate 编码都是无损压缩算法，用于减少传输报文的大小，不会导致信息损失。其中 gzip 通常效率最高，使用最为广泛。

7.1.3　压缩的好处

HTTP 压缩可以将纯文本压缩至原内容大小的 40%，从而节省了 60%的数据传输。

实例：博客园首页压缩前的大小是 46 171 bytes，压缩后的大小是 12 082 bytes，只有原来的 35%，节省了 65%的数据传输，从而大大提高了性能，如图 7-4 所示。

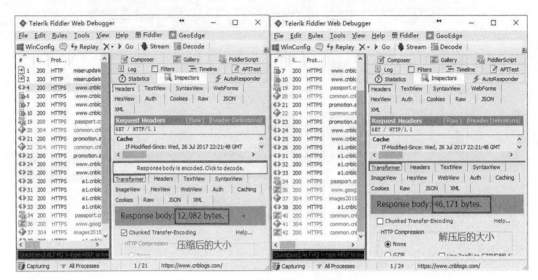

图 7-4　博客园首页压缩

7.1.4　gzip 的不足之处

JPEG 这类文件用 gzip 压缩的效果不够好，gzip 占用了一些服务器和客户端的 CPU。

7.1.5　gzip 是如何压缩的

简单来说，gzip 压缩是在一个文本文件中找出类似的字符串，并临时替换它们，从而使整个文件变小。这种形式的压缩对 Web 来说非常适合，因为 HTML 和 CSS 文件通常包含大量重复的字符串，例如空格、标签。

7.1.6　HTTP 请求也是可以编码的

浏览器一般不会对 HTTP 请求编码，但是一些程序在发送 HTTP 请求时会对其进行编码。如图 7-5 所示。

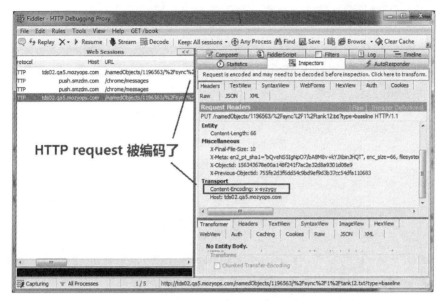

图 7-5　HTTP 请求编码

7.1.7　HTTP 内容编码和 HTTP 压缩的区别

在 HTTP 协议中，可以对内容（也就是 Body 部分）进行编码，如可以采用 gzip 这样的编码，从而达到压缩的目的；也可以使用其他的编码方式把内容搅乱或加密，以此来防止未被授权的第三方看到文档的内容。

所以，我们说 HTTP 压缩其实就是 HTTP 内容编码的一种，大家不要把 HTTP 压缩和 HTTP 内容编码两个概念混淆了。

7.2　URL Encode 介绍

URL 只能用英文字母、数字或者某些标点符号，不能使用其他文字和符号。比如有含英文字母的网址 http://www.cnblogs.com，但是没有 http://www.小坦克.com 这样的网址。

URL Encode（URL 编码）就是把所有非英文字母、数字字符都替换成百分号（%）后加两位十六进制数，比如空格的编码为"%20"。

7.2.1　查询字符串中包含汉字

打开 Firefox 浏览器，输入网址: https://www.baidu.com/s?wd=小坦克。注意"小坦克"属

于查询字符串，不属于网址路径，如图 7-6 所示。

图 7-6　百度搜索"小坦克"

用 Fiddler 抓包，我们发现，实际的网址是 https://www.baidu.com/s?wd=%E5%B0%8F%
E5%9D%A6%E5%85%8B，如图 7-7 所示。

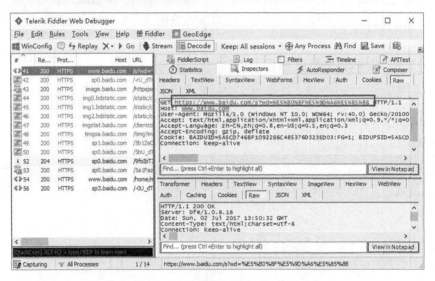

图 7-7　百度搜索"小坦克"抓包

也就是说，Firefox 自动把"小坦克"编码成了"%E5%B0%8F%E5%9D%A6%E5
%85%8B"。

7.2.2　POST 中的数据包含汉字

启动 Fiddler，在浏览器中打开 https://account.cnblogs.com，输入注册信息进行注册，
这样我们能捕获到 POST 的一些数据。

```
1    POST https://account.cnblogs.com/Account/SignUp HTTP/1.1
2    Host: account.cnblogs.com
3    User-Agent: Mozilla/5.0 (Windows NT 10.0; WOW64; rv:40.0) Gecko/20100101 Firefox/40.0
4
5
6    Email=tankxiao4%40outlook.com&PhoneNum=13671978459&LoginName=%E5%B0%8F%E5%
9D%A6%E5%85%8B2
```

我们可以看到 body 里面的数据同样被编码了："@"转义成了"%40"，汉字也被转义
成了"%E5%B0%8F%E5%9D%A6%E5%85%8B2"。

所以，POST 中的主体在传输的时候同样会被转义。

7.3　Fiddler 中的 TextWizard

我们经常需要进行字符编码，比如把字符进行 URL Encode 或者 URL Decode。我们可
以使用 TextWizard 来对字符编码。

单击 Fiddler 工具栏中的"TextWizard"，可以启动 TextWizard 小工具，如图 7-8 所示。

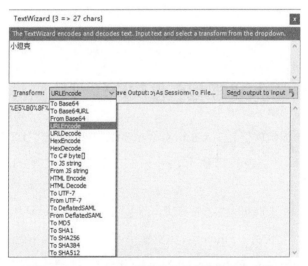

图 7-8　TextWizard 提供了很多字符编码的功能

第 8 章

Fiddler 使用技巧

通过之前几章的讲述，相信你已经掌握了大部分 Fiddler 的用法。本章介绍 Fiddler 的详细用法。

8.1　Fiddler 和其他抓包软件的比较

与 Fiddler 同类的抓包软件还有 Charles、Firebug、Wireshark、HTTPWatch 等。

Fiddler 被称为世界上最好用的 HTTP 调试工具。比起其他工具来说，其具有更多的优势。

（1）Fiddler 可以通过 FiddlerScript 写脚本来扩展功能，Charles 则不能。

（2）使用 Charles 要付费，Fiddler 可免费使用。

（3）Charles 是跨平台的（Windows、Mac、Linux），Fiddler 现在同样也是跨平台的了（Windows、Mac、Linux）。

（4）HTTPWatch 也是比较常见的 HTTP 抓包工具，但是只支持 IE 和 Firefox 浏览器，而且不能修改 HTTP 包。

（5）Wireshark 支持更多的协议，主要是用来监听 TCP/IP 协议，直接与网卡进行数据报文交互。如果用 Wireshark 来监控 HTTP 协议，就有点大材小用，而且不方便。

『 8.2　Fiddler 抓不到包应该怎么解决 』

很多读者经常发现 Fiddler 不能捕获数据包，这时可以按下面的步骤进行解决。

（1）先确定是 HTTP 包抓不到，还是 HTTPS 包抓不到。如果只是 HTTPS 包抓不到，说明是证书的问题，需要重新安装证书。

（2）检查浏览器的 HTTP 代理设置是否正确，或者换个浏览器试试。

（3）检查 Fiddler 的捕获开关是否打开。

（4）检查过滤的设置。

（5）确定是否是捕获 Localhost 的流量。

『 8.3　如何找到想抓的包 』

启动 Fiddler，Web Sessions 列表就会抓到很多 HTTP 请求，我们需要找的 HTTP 请求被淹没其中。这往往让初学者不知所措，不知道哪个才是自己要抓的 HTTP 请求。

我们在抓包之前，可以先把 Web Sessions 列表清空，然后再操作，这样 Web Sessions 中抓到的 HTTP 请求就会少很多。

有以下几种方法可以清空 Web Session 列表。

第一种方法：Fiddler 菜单栏上有一个×图标，单击小箭头后会看到 "Remove all" 选项，选此即可以清空 Web Session 列表。

第二种方法：单击 Web Session 列表中的任何一个 HTTP 请求，并按快捷键【CTRL+X】。

第三种方法：在 QuickExec 命令行工具中输入命令 "cls"，按回车键，也可以清空 Web Sessions 列表。

抓到自己想要的包后，应该让 Fiddler 暂停抓包，这样就不会因为抓到一些不相干的包而被干扰了。

『 8.4　Fiddler 异常退出后无法上网 』

电脑意外死机，Fiddler 异常退出后会导致电脑无法上网。原因是 Fiddler 异常退出后，没有注销代理，系统的代理仍然是 127.0.0.1，端口号是 8888。

解决的办法是重新启动 Fiddler 再关闭，这样浏览器就能上网了。

『 8.5　Fiddler 排序 』

Fiddler 中的 Web Session 默认是按照序号排序的，可能某种误操作会让 Web Session 按照别的标准排序，导致用户找不到抓的包。

我们可以单击"序号"的列名，重新按照序号来排序，如图 8-1 所示。

图 8-1　Fiddler 按时间排序

『 8.6　Fiddler 中查询会话 』

在菜单栏中单击 Edit -> Find Sessions，或者用快捷键【Ctrl+F】打开"Find Sessions"的对话框，输入关键字查询你要的会话。查询到的会话会以黄色显示，如图 8-2 所示。

图 8-2　查找会话

需要注意的是，汉字或者特殊字符很可能查询不到，因为在 HTTP 请求中，汉字或者特殊字符被转义了。

8.7　Fiddler 中保存抓到的包

有些时候我们需要把会话保存下来，以便发给别人或者以后去分析。保存会话的步骤如下：

（1）选择你想保存的会话，然后单击 File->Save->Selected Sessions。保存后的文件后缀名是.saz。文件中会保存完整的 HTTP 请求和 HTTP 响应；

（2）双击.saz 文件，或者单击 Fiddler 菜单栏中的 File->Load Archive，就能打开.saz 文件。

8.8　Fiddler 中编辑会话

默认的情况下，Fiddler 中的 Session 是不能编辑的。

选择一个 Session，用鼠标右键选择 "Unlock For Editing"（快捷键是【F2】），这样就可以在 Inspectors 的 Raw 模式下编辑 HTTP 请求和 HTTP 响应。

8.9　过滤会话

每次启动 Fiddler，打开一个网页，都能看到几十个会话，看得人眼花缭乱。这时候我们可以使用 Filter 的功能来过滤，使网页只显示自己想要的 HTTP 请求。

Filters 提供了很多过滤选项，一定能满足你的需求。

在 Fiddler 中找到 Filters 选项卡，选中 "Use Filters"，就可以启动过滤功能。如图 8-3 所示。

Filters 的 Actions 中，我们可以保存好当前的过滤配置，也可以加载已经保存好的过滤配置。

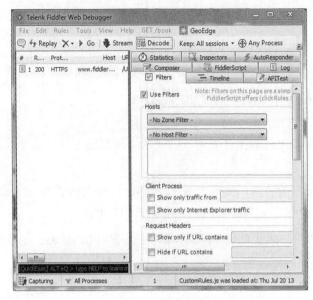

图 8-3　会话过滤

『 8.10　常用快捷键 』

Fiddler 中的 Web Sessions 是我们用得最多的地方。通常我们必须选择 Web Sessions 中的 Session，然后做其他的操作。表 8-1 所示的快捷键可以帮助你选择 Session。

表 8-1　协助选择 Session 的快捷键

快　捷　键	用　途
CTRL + X	删除所有的 Session
CTRL + A	选择所有的 Session
ESC	不选择任何的 Session
CTRL + I	反选 Session
Delete	删除选择的 Session
Shift+ Delete	删除未选择的 Session
R	重放选择的 Session（可以重放多个 Session）
SHIFT + R	多次重放选择的 Session（随后会提示你输入，重放几次）
U	无条件地重放选择的 Session（不会发送 If-Modified-Since 和 If-None-Match Headers）
SHIFT + U	无条件地重放选择的 Session（随后会提示你输入，重放几次）
P	选择"当前 Session"的"父 Session"（这个功能取决于 Referer Header）

续表

快 捷 键	用 途
C	选择"当前 Session"的"子 Session"
D	选择"重复的 Session"（有相同的 URL 和相同的 method）
BackSpace 或鼠标上的"Back"	选择"上次选择的 Session"
Insert	
CTRL + 1 CTRL + 2 CTRL + 3 CTRL + 4 CTRL + 5 CTRL + 6	用粗体和颜色标记选择的 Session
M	给选择的 Session 添加注释

8.11 QuickExec 命令行的使用

Fiddler 的左下角有一个命令行工具叫作 QuickExec，允许你直接输入命令，如图 8-4 所示。

图 8-4 QuickExec 命令

常见的命令如下。

（1）help：打开官方的使用页面介绍，所有的命令都会列出来。

（2）cls：清屏（【Ctrl+X】快捷键也可以清屏）。

（3）select：选择会话的命令。

（4）?.png：用来选择 .png 后缀的图片。

（5）bpu：截获 request。

还可以用"urlreplace www.tank-dev.com www.tank-demo.com"替换掉 host。

我们最初发送给 A 站点的 HTTP 请求，都被 Fiddler 转发到 B 站点，而在浏览器中毫无感觉。测试或者 debug 过程中经常会有这种需求。

『 8.12　Fiddler 比较会话的不同 』

如果需要比较两个 Session 的内容的不同，我们可以使用 Windiff 工具。具体操作步骤如下。

（1）下载 WinDiff。

（2）在 Fiddler 中设置 Compare 工具为 WinDiff。启动 Fiddler，在菜单栏中单击 Tools->Fiddler Options，在 Tools 选项卡中选择 WinDiff 的路径，如图 8-5 所示。

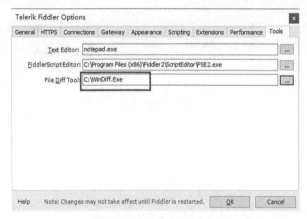

图 8-5　配置 DiffTool

（3）选中两个会话，用鼠标右键选择 Compare，就可以使用 WinDiff 来比较两个会话的不同了，如图 8-6 所示。

图 8-6　比较会话

『 8.13　Fiddler 插件 』

如果 Fiddler 不能满足要求，你可以来看看 Fiddler 的插件。

Fiddler 的插件下载地址是：http://www.telerik.com/fiddler/add-ons。

8.13.1　JavaScript Formatter

从服务器返回来的 JavaScript 代码都没有格式化。利用 Java Script Formatter 插件可以格式化 JavaScript 代码，增加可读性。

安装好 Java Script Formatter 插件后，在 Fiddler 中选择一个 Session，用鼠标右键选择"Make JavaScript Pretty"，就可以格式化 JavaScript 代码了，如图 8-7 所示。

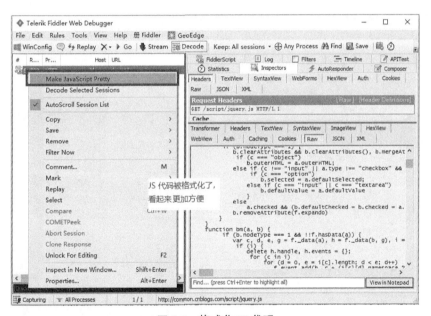

图 8-7　格式化 JS 代码

8.13.2　Gallery 插件

选择很多图片的会话后，Gallery 插件可以显示这些图片的缩略图，如图 8-8 所示。

假如所有的插件都不能满足你的需求，那么你只能自己开发插件了。

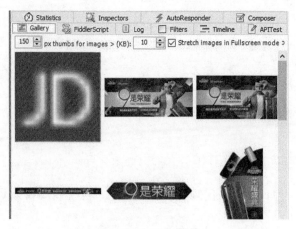

图 8-8　Gallery 插件

■■ 第 9 章 ■■

—— Fiddler 前端快速调试 ——

前端工程师在工作中经常需要去调试 HTML、CSS 或者 JavaScript 文件。Fiddler 中的 AutoResponder 功能可以把要调试的文件保存到本地进行调试,这大大减少了在线调试的困难,起码能提高 5 倍的效率。

测试工程师在做测试的时候,也需要服务器返回一些特殊的数据来做测试,使用 AutoResponder 功能来伪造测试数据,能大大减少测试工程师的工作量。

『 9.1 如何在服务器上调试 JavaScript 文件 』

前端开发工程师在日常工作中,经常会发现服务器上某个 CSS 文件或者 JavaScript 文件有问题。

一般情况下,遇到这种情况时是这么做的:前端工程师先在本地修改好 JS 文件,这个时候他并不能确保他的修改是对的;他需要把 JS 文件部署到测试环境上,然后测试和验证;如果修改得不对,还需要重新修改、重新部署。如图 9-1 所示。

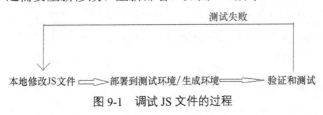

图 9-1 调试 JS 文件的过程

这样做有诸多缺点。

（1）部署非常浪费时间。

（2）容易影响测试环境或者开发环境的稳定性。

（3）可能需要大量的修改和验证，非常繁琐，非常浪费时间。

如果生产环境上的 JS 出现了问题，那么调试 JS 是非常麻烦的，因为你要防止生产环境崩溃。如果直接在生产环境上调试，很容易影响到生产环境的稳定性。

更普遍的做法是：我们在开发环境中修改文件并验证，然后发布到生产环境。这么做虽然安全，却比较繁琐。而利用 Fiddler 修改 HTTP 数据的特性，我们就可以非常敏捷地基于生产环境修改并验证，确认后再发布。使用 Fiddler Auto Responsder 无须修改生产环境上的文件，能轻松帮你搞定。

利用 Fiddler 修改 HTTP 数据的功能时，我们可以使用本地的 JS 文件，而不需要将修改部署到测试环境中。我们甚至可以直接基于生产环境进行修改。

「 9.2　Fiddler AutoResponder 的工作原理 」

使用 Fiddler 可以替换自动返回的一个伪造的 HTTP 响应。这跟之前介绍的下断点修改 HTTP 响应差不多，只不过 AutoResponder 是自动的，操作更方便，如图 9-2 所示。

图 9-2　AutoResponder 的工作原理

「 9.3　Fiddler 在线调试 JavaScript 文件 」

线上环境有一个 JavaScript 文件出了问题，我们可以利用 Fiddler 来快速调试，具体操作步骤如下（整个步骤需要重试）。

（1）网页 http://www.cnblogs.com/tankxiao2/使用了一个 JS 文件 TankPageFooter.js，先把这个 JS 文件保存在本地。

（2）编辑本地的 JavaScript 文件，将其中的代码改为：

```
$().ready()
{
  $("#Header1_HeaderTitle").html("update by Fiddler AutoResponder!!!!!  tank xiao");
};
```

（3）启动 Fiddler，在浏览器中打开 http://www.cnblogs.com/tankxiao2/，我们可以看到 Fiddler 抓到了这个 JavaScript 的 HTTP 请求，应该是：http://files.cnblogs.com/files/tankxiao2/ TankPageFooter.js。

（4）在 Fiddler 中，找到 http://files.cnblogs.com/files/tankxiao2/TankPageFooter.js 这个请求，然后将其拖曳到 AutoResponder 中，如图 9-3 所示。

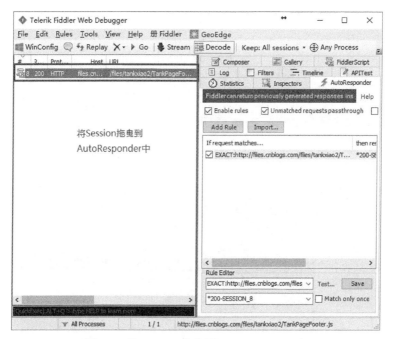

图 9-3　将 Session 拖曳到 AutoResponder 中

（5）在 RuleEditor 中单击"Find a file..."，选择本地 JavaScript 文件的路径，如图 9-4 所示。

（6）选中"Enable rules"，激活规则。选中"Unmatched requests passthrough"，放行不匹配的 HTTP 请求，如图 9-5 所示。

（7）单击"Save"按钮。

（8）你只需要修改本地机器上的文件，然后刷新浏览器，这样你就能看到效果了，如图 9-6 所示。

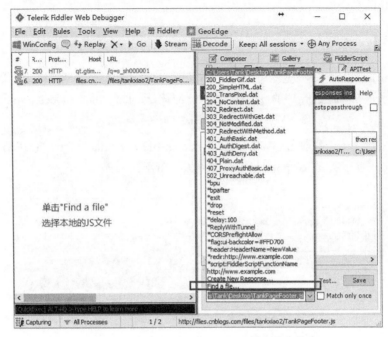

图 9-4 单击"Find a file…"选择本地文件

图 9-5 激活规则

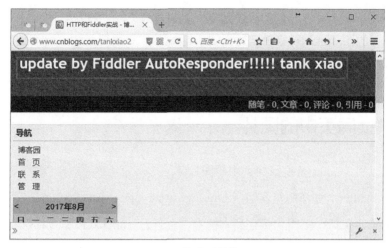

图 9-6 修改后的效果

『 9.4 浪漫的程序员 』

程序员小明想到一个很好的点子，他准备在女朋友过生日当天送她一个令人惊喜的生日礼物。女朋友喜欢网购，每天不是上京东就是上淘宝。小明利用 Fiddler 把京东或者淘宝上面的图片替换成本地的图片，然后在图片上写上很多祝福语，如图 9-7 所示。

图 9-7 生日祝福

生日这一天，女朋友打开京东或者淘宝，立刻震惊了，一脸疑惑。她发现不管是京东还是淘宝，上面的图片全是祝福自己生日快乐的。

请读者利用 Fiddler AutoResponder 的功能，把这个效果做出来。

『 9.5　替换网页中的图片 』

我们也可以用 Fiddler 替换掉网页中的图片。

（1）启动 Fiddler，打开浏览器访问 http://www.cnblogs.com/tankxiao。

（2）在浏览器中把一张图片保存到本机中，命名为 tankxiao.jpg，如图 9-8 所示。

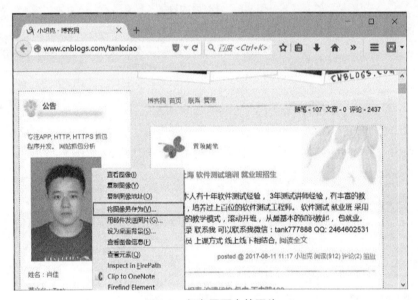

图 9-8　保存网页中的图片

（3）用画图工具编辑 tankxiao.jpg。

（4）在 Fiddler 中，找到这个图片的 Sesssion，并且拖曳到 AutoResponder 中，如图 9-9 所示。

（5）在 RuleEditor 中，单击"Find a file..."，选择本地的 tankxiao.jpg。选中"Enable rules"，激活规则，选中"Unmatched requests passthrough"，并且单击"Save"按钮，如图 9-10 所示。

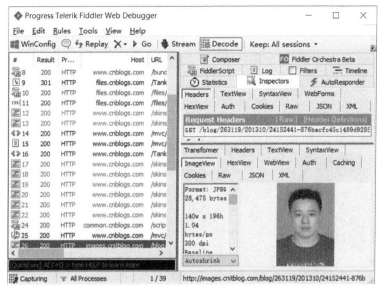

图 9-9　找到图片的 Session

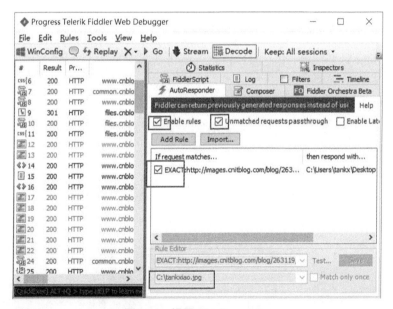

图 9-10　设置 AutoResponder

（6）刷新浏览器，可以看到网页中的图片已经被替换了，如图 9-11 所示。

图 9-11 网页中的图片被替换

第 10 章

—— Fiddler 的 Script 用法 ——

Fiddler Script 是一个可以自动修改 HTTP 请求和 HTTP 响应的脚本文件，使你不用手动地去下"断点"来修改。

Fiddler Script 属于 Fiddler 的高级内容，它可以让 Fiddler 的扩展性更好，功能更加强大。

『 10.1　Fiddler Script 介绍 』

在大多数情况下，通过 Fiddler 默认菜单的功能就可以基本满足开发者的调试需求，但是如果碰到更复杂的调试场景时，单纯通过 Fiddler 菜单已无法达到开发者的调试要求。

前面我们介绍过用下断点的方法来修改 HTTP 请求和 HTTP 响应，但是这种方法是手动的，非常不方便。这时候我们就需要用到 Fiddler Script 了。

Fiddler Script 的本质其实是用 JScript.NET 语言写的一个脚本文件 CustomRules.js，其语法类似于 C#。

通过修改 CustomRules.js 可以很容易修改 HTTP 请求和 HTTP 响应，不用中断程序；利用它还可以针对不同的 URL 做特殊的处理。用 C#语言我们能写代码扩展我们需要的功能。

CustomRules.js 位于：C:\Documents and Settings\[your user]\My Documents\Fiddler2\

Scripts\CustomRules.js 下。

你也可以在 Fiddler 中打开 CustomRules.js 文件，启动 Fiddler，单击菜单 Rules->Customize Rules...。

Fiddler Script 的官方帮助文档的地址是：http://www.fiddlerbook.com/Fiddler/dev/ScriptSamples.asp。

『 10.2　Fiddler Script Editor 』

目前最新版的 Fiddler 已经集成了 Fiddler Script Editor 插件，不需要额外安装。如果 Fiddler 没有集成 Fiddler Script Editor，就需要手动安装。

虽然可以直接用记事本来编辑 CustomRules.js 文件，但是还是强烈推荐你使用 Fiddler Script Editor 来编辑。

Fiddler Script Editor 提供了语法高亮显示编译错误提示和智能提示的功能，编辑起来很方便。

有一个独立的编辑器叫 Fiddler ScriptEditor，如图 10-1 所示。Fiddler 的右边会有一个 FiddlerScirpt 的选项卡，如图 10-2 所示。这两个的效果是一样的，都是编辑同一个 CustomRules.js 文件。

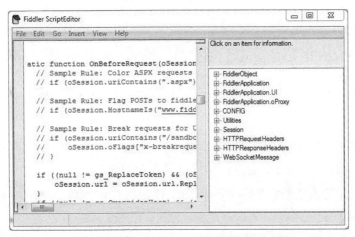

图 10-1　Fiddler ScriptEditor 界面

启动 Fiddler，单击菜单 Rules->Customize Rules...，如图 10-3 所示，可以打开 CustomRules.js 文件。

这三种方法都可以用来编辑 CustomRules.js。

图 10-2　FiddlerScript 界面

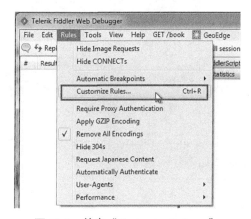

图 10-3　单击"Customize Rules…"

『 10.3　CustomRules.js 中的主要方法 』

```
static function OnBeforeRequest(oSession: Session)
```

OnBeforeRequest 函数在每次请求之前调用。在这个方法中修改 Request 的内容，我们用得最多。

```
static function OnBeforeResponse(oSession: Session)
```

OnBeforeResponse 函数在每次响应之前调用，在这个方法中修改 Response 的内容。

```
static function OnExecAction(sParams: String[])
```

这个方法中包含 Fiddler 命令。命令是在 Fiddler 界面中左下方的 QuickExec 中执行的。

『 10.4 Fiddler 定制菜单 』

Fiddler 可以模拟各种浏览器，如图 10-4 所示，你可以通过单击菜单 Rules -> User-Agents 下的子菜单来实现。

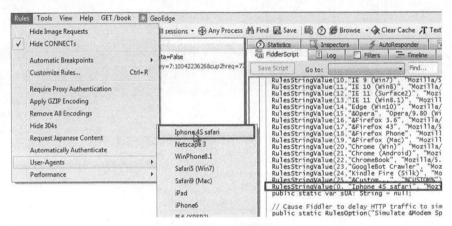

图 10-4 定制菜单

User-Agents 菜单中好像没有 Iphone 4S safari，我们现在定制一个。先在网上查询 iPhone 4S safari 的 user-Agents，然后添加如下代码就可以了：

```
RulesStringValue(23, "Iphone 4S safari", "Mozilla/5.0 (iPhone; U; CPU iPhone OS 4_0
like Mac OS X; en-us) AppleWebKit/532.9 (KHTML, like Gecko) Version/4.0.5 Mobile/8A293
Safari/6531.22.7")
```

保存脚本，重启 Fiddler 就可以看到菜单中多了个 Iphone 4S safari。

你可以把你常用的操作都定义成一个菜单，这样用起来很方便。

『 10.5 修改 Session 在 Fiddler 的显示样式 』

有时候，找到自己想要的 HTTP 请求是需要靠眼力的，我们可以用 Script 设置一下颜色。

我们可以控制 Session 在 Fiddler 中显示的样式。

把以下脚本放在 OnBeforeRequest(oSession: Session) 方法下，并且单击 "Save script"，这样所有的 cnblogs 会话都会显示为红色。

```
if (oSession.HostnameIs("www.cnblogs.com")) {
        oSession["ui-color"] = "red";
    }
```

运行效果如图 10-5 所示。

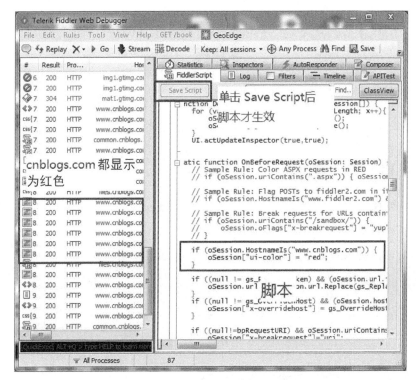

图 10-5　修改 Session 列表中的颜色

10.6　修改 HTTP 请求

如果要修改 HTTP 请求，代码应该放在 OnBeforeRequest(oSession: Session) 方法下面。

我们可以修改 HTTP 请求中的任何数据，如 HOST、Header、Cookie 等。

10.6.1　修改 HTTP 请求中的 Cookie

Cookie 其实就是 HTTP 请求中的一个 Header。下面的代码演示了如何修改 Cookie。

```
if(oSession.uriContains("cnblogs.com"))
{
    // 1. 删除所有的cookie
    oSession.oRequest.headers.Remove("Cookie");

    // 2. 新建cookie
    oSession.oRequest.headers.Add("Cookie", "username=testname;testpassword=P@ssword1");

    // 3. 修改Cookie. 不能删除或者编辑单独的一个Cookie, 需要替换Cookie字符串
    var oldCookie = oSession.oRequest["Cookie"];
    oldCookie = oldCookie.Replace("cookieName=", "ignoreme=")
    oSession.oRequest["Cookie"] = oldCookie;

    // 4. 全新的Cookie
    var newCookie ="your cookie String";
    oSession.oRequest["Cookie"] = newCookie;
}
```

10.6.2　替换 HTTP 请求的 Host 地址

我们最初发送给 A 站点的 HTTP 请求，都被 Fiddler 转发到 B 站点，而在浏览器中毫无感觉。测试或者 debug 过程中经常会有这种需求。

例如用 www.tank-demo.com 替换 www.tank-dev.com。

```
if(oSession.HostnameIs("www.tank-demo.com"))
{
    oSession.hostname="www.tank-dev.com";
}
```

10.6.3　修改 HTTP 请求中的 Header

```
if(oSession.uriContains("cnblogs.com"))
{
    // 添加Header
    oSession.oRequest.headers.Add("headerName1","headerValue1");

    // 删除Header
    oSession.oRequest.headers.Remove("headerName2");

    // 修改Referer
    oSession.oRequest["Referer"] = "www.baidu.com/TestReferer";
}
```

10.6.4　修改 HTTP 请求中的 Body

方法一：先把 Body 的字符串读取出来，修改后再塞回去。

```
static function OnBeforeRequest(oSession: Session)
{
    if(oSession.uriContains("http://www.cnblogs.com/TankXiao/"))
    {
        oSession.utilDecodeRequest();
        // 获取 Request 中的 body 字符串
        var strBody=oSession.GetRequestBodyAsString();
        // 用正则表达式或者 replace 方法去修改 string
        strBody=strBody.replace("1111","2222");
        // 弹个对话框检查下修改后的 body
        FiddlerObject.alert(strBody);
        // 将修改后的 body，重新写回 Request 中
        oSession.utilSetRequestBody(strBody);
    }
}
```

方法二：也可以采用非常简单的方法，即直接替换 body 中的数据。

```
if(oSession.uriContains("cnblogs.com"))
{
    oSession.utilReplaceInRequest("1111", "2222");
}
```

『 10.7　修改 HTTP 响应 』

在 Script 中修改 HTTP 响应的方法，代码应该放在 OnBeforeResponse(oSession: Session) 方法下面。

修改 HTTP 响应的方法和修改 HTTP 请求的方法差不多。

实例：使用如下代码，修改博客园网页中的数据。

```
if(oSession.uriContains("cnblogs.com"))
{
    oSession.utilReplaceInResponse("小坦克", "大坦克 肖佳");
}
```

打开浏览器，输入 www.cnblogs.com/tankxiao/，可以看到如图 10-6 所示的内容。

图 10-6　修改 HTTP 响应中的 Body

『 10.8　读写 txt 文件 』

先引用命名空间：

```
import System.IO;

        // Read
        var txtPath = "c:\\tank.txt"
        var allNumbers = File.ReadAllLines(txtPath);
        var exist = 0;
        for(var i=0; i<allNumbers.length;i++)
        {
            FiddlerObject.alert(allNumbers[i]);
        }


        // write
        var txtPath = "c:\\tank.txt"
        var txtWrite = File.AppendText(txtPath);
        txtWrite.WriteLine("www.cnblogs.com/tankxiao");
        txtWrite.Close();
```

『 10.9　使用正则表达式 』

先引用命名空间：

```
import System.Text.RegularExpressions;

var resBody = "<string>tankxiao.cnblogs.com</string>";
var r  = new Regex("<string>(.*?)</string>");
var mc = r.Match(resBody);
FiddlerObject.alert(mc.Groups[1].Value);
```

『 10.10　保存 Session 』

```
var sazFile="c:\\aff\\"+number;
var sessionList : Session[] = [oSession];
Utilities.WriteSessionArchive(sazFile, sessionList,null,true)
```

『 10.11　读取 Session，并且使用 Fiddler 来发送 』

```
var sazFile="c:\\aff\\"+number;
var sessionList : Session[] = Utilities.ReadSessionArchive(sazFile, true);
FiddlerApplication.oProxy.SendRequest(sessionList[0].oRequest.headers, sessionList[0].
requestBodyBytes, null);
```

第 11 章

━━ 深入理解 Cookie 机制 ━━

第11章 深入理解Cookie机制

11

　　Cookie 虽然是个很简单的东西，但它又是 Web 开发中一个很重要的客户端数据来源，而且它可以实现扩展性很好的会话状态，所以我认为每个 Web 开发人员和测试人员都有必要对它有个清晰的认识。本章将对 Cookie 这个话题做一个详细地讲解，并且通过使用 Fiddler 来捕获 Web 登录时的 HTTP 数据包来了解登录的原理。

〖 11.1　HTTP 协议是无状态的 〗

　　对于浏览器的每一次请求，服务器都会独立处理，不与之前或之后的请求发生关联。这个过程如图 11-1 所示，3 次"请求/响应"之间没有任何关系。

　　即使是同一个浏览器发送了 3 个请求，服务器也会独立处理这 3 个请求，服务器并不知道这 3 个请求是来自同一个浏览器。

　　服务器需要识别浏览器请求，就必须弄清楚浏览器的请求状态。既然 HTTP 协议是无状态的，那就让服务器和浏览器共同维护一个状态，这就是会话机制。

〖 11.2　会话机制 〗

　　会话机制的过程如图 11-2 所示，过程如下：

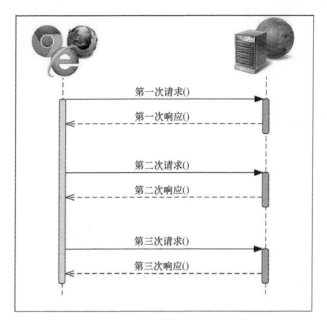

图 11-1　HTTP 协议是无状态的

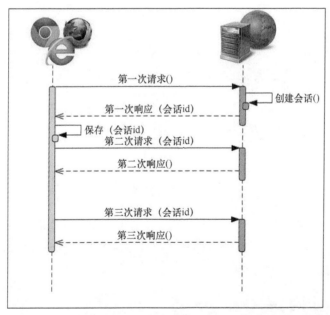

图 11-2　会话机制

（1）浏览器第一次请求服务器时，服务器创建一个会话，并将会话的 id 作为响应的一部分发送给浏览器。

（2）浏览器存储会话 id，并在后续第二次和第三次请求中带上会话 id。服务器取得请求中的会话 id 就知道是不是同一个用户了。

这样一来，后续请求与第一次请求就产生了关联。

『 11.3　Cookie 机制 』

服务器在内存中保存会话对象。浏览器可以使用 Cookie 机制保存会话 id，如图 11-3 所示。

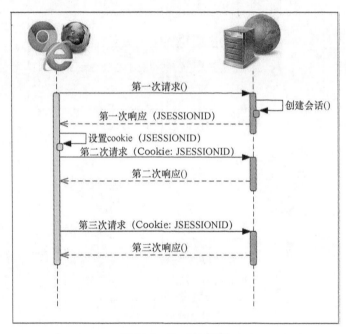

图 11-3　Cookie 机制

Cookie 机制是一种会话机制。Cookie 是浏览器用来存储少量数据的一种机制，数据以 "key=value" 形式存储，浏览器发送 HTTP 请求时，自动附带 cookie 信息。

『 11.4　Cookie 是什么 』

Cookie 是一小段文本信息，伴随着用户请求和页面在浏览器和 Web 服务器之间传递。

Cookie 是一种 HTTP Header，以 "key=value" 的形式组成，比如 ip_country=CN。

两个 Cookie 之间用分号隔开，比如 ip_country=CN; mbox=check#true#1499311989。

浏览器把 Cookie 通过 HTTP 请求中的 Header，比如"Cookie: ip_country=CN"发送给 Web 服务器。Web 服务器通过 HTTP 响应中的 Header，比如"Set-Cookie: ip_country=CN"，把 Cookie 发送给浏览器。

使用 Fiddler 可以清楚地看到 Cookie 在浏览器和服务器之间传递的过程。Fiddler 工具中可以清晰地看到 HTTP 请求中的 Cookie 和 HTTP 响应中的 Cookie。

实例：启动 Fiddler，打开浏览器访问一些购物网站，就可以看到如图 11-4 所示的情况。

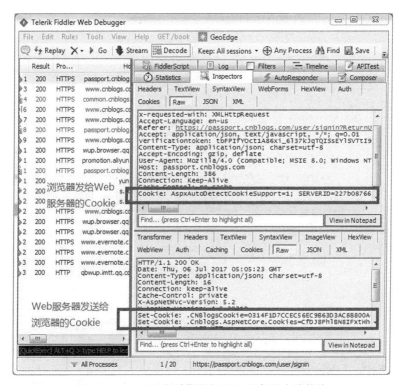

图 11-4　Cookie 在浏览器和 Web 服务器中的传输

11.5　Cookie 的作用

Cookie 最主要的作用是用来做用户认证，还可以用于保存用户的一些其他信息。

Cookie 也可以用于互联网精准广告定向技术，比如用户浏览了某些商品，就可以用 Cookie 将其记录下来，对网民所有的上网行为进行个性化的深度分析；按广告主需求锁定目标受众，进行一对一传播，提供多通道投放，按照效果付费。

『 11.6　抓包观察上海科技馆网站的登录 』

我们通过 Fiddler 来抓包观察上海科技馆网站的登录，来理解登录的过程和 Cookie 机制。

第一步：启动 Fiddler，启动浏览器，打开 http://piaoweb.sstm.org.cn/；输入用户名和密码，单击登录（请读者自己注册账号）。

抓包后可以看到浏览器把用户名和密码发送给了 Web 服务器，如图 11-5 所示。

图 11-5　网站登录抓包

Web 服务器会验证用户名和密码的正确性，然后通过"Set-Cookie"给浏览器发送 3 个 Cookie，其中一个是用来保存登录信息的。

第二步：在浏览器中打开"用户中心"：http://piaoweb.sstm.org.cn/user/center/orderlist。

抓包后可以看到，HTTP 请求中会带上 Cookie（即在上一步中 Web 服务器返回的 Cookie），这样 Web 服务器就认为浏览器是登录状态，如图 11-6 所示。

图 11-6　自动带上 Cookie

『 11.7　Cookie 的属性 』

从 Fiddler 的抓包中，我们可以看到 Web 服务器返回了下面这一段数据给浏览器。

```
Set-Cookie: cookie_user_token=C5CBD6FBD0DA0EE4B5DC36E7075D8CDA; Expires=Thu, 06-Jul-2017
09:17:46 GMT; Path=/;HttpOnly
```

（1）Expires 属性：Expires 的值是一个时间，代表过期时间。过了这个时间，该 Cookie 就失效了。

如果不指定 Expire time，表示关闭浏览器/页面的时候，此 Cookie 就应该被浏览器删除了。

（2）Path 属性：表示 Cookie 所属的路径，asp.net 默认为"/"，就是根目录。在同一个服务器上的目录如下：/test/、/test/cd/、/test/dd/。现假设一个 Cookie1 的 path 为/test/，Cookie2 的 path 为/test/cd/，那么 test 下的所有页面都可以访问到 Cookie1，而/test/dd/的子页面不能访问 cookie2。这是因为 Cookie 只能让其 path 路径下的页面访问。

（3）HttpOnly 属性：这是个关于安全方面的属性，将一个 Cookie 设置为 HttpOnly 后，通过 Javascript 脚本将无法读取到 Cookie 信息，这能有效地防止黑客用 XSS 发起攻击。

一般来说，跟登录相关的 Cookie 必须设置为 HttpOnly。

11.8　Cookie 的分类

我们可以大致把 Cookie 分为 2 类：会话 Cookie 和持久 Cookie。

会话 Cookie 是一种临时的 cookie，它记录了用户访问站点时的设置和偏好；关闭浏览器，会话 Cookie 就被删除了。

持久 Cookie 存储在硬盘上，不管浏览器退出或者计算机重启，持久 cookie 都继续存在。持久 Cookie 有过期时间。

11.9　Cookie 保存在哪里

Cookie 是存在硬盘上的，IE 存 Cookie 的地方和 Firefox 存 Cookie 的地方不一样。不同的操作系统存 Cookie 的地方也可能不一样。

不同的浏览器会在各自的独立空间存放 Cookie，互不干涉。

以 Windows7、IE8 为例，Cookie 的存放路径为 C:\Users\xiaoj\AppData\Local\Microsoft\Windows\Temporary Internet Files。

注意：缓存文件和 cookie 文件是存在一起的，都在这个目录下。

你也可以这样查找，打开 IE，单击 Tools -> Internet Options -> General Tab 下的 -> Browsing history 下的"Setting"按钮，在弹出的对话框中单击"View files"，如图 11-7 所示。

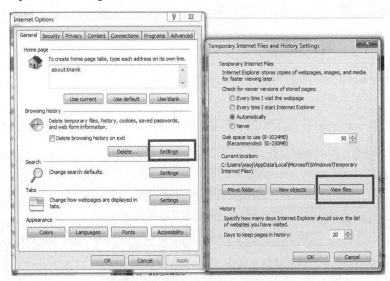

图 11-7　查看 Cookie 存储的目录

不同的网站会有不同的 Cookie 文件，如图 11-8 所示。

图 11-8　查看 Cookie

11.10　使用和禁用 Cookie

可以在 IE 浏览器中设置禁用 Cookie。打开控制面板中的 Internet 选项，选择隐私选项卡。可以设置禁用 Cookie，如图 11-9 所示。

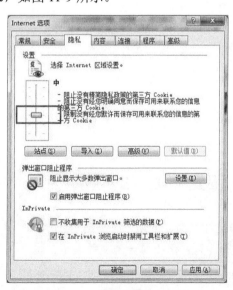

图 11-9　使用和禁用 Cookie

「 11.11 网站自动登录的原理 」

很多网站都有自动登录的功能，我们以"博客园自动登录"为例来说明 Cookie 是如何传递的，如图 11-10 所示。

图 11-10 自动登录

在登录页面输入用户名、密码，选择保存密码单击登录（这时候，其实在你的机器上已保存好了登录的 Cookie，可以按照上节介绍的方法去你的计算机上找一下博客园的 Cookie）。

我们下次访问博客园的流程如下。

（1）用户打开 IE 浏览器，在地址栏输入 www.cnblogs. com。

（2）IE 首先会在硬盘中查找关于 cnblogs.com 的 Cookie，然后把 Cookie 放到 HTTP Request 中，再把 Request 发给 Web 服务器。

（3）Web 服务器返回博客园首页，这时你会看到自己已经登录了。

「 11.12 Cookie 和文件缓存的区别 」

很多人会把 Cookie 和文件缓存弄混淆，这是两个完全不一样的东西。唯一的相同之处可能是它们俩都存在硬盘上，而且存在同一个文件夹下。

我们可以在 IE 中分别选择删除 Cookie 和缓存文件，如图 11-11 所示。

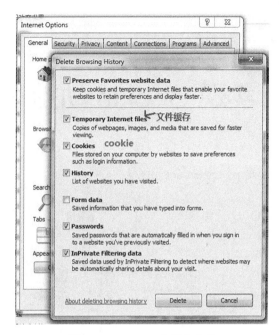

图 11-11　Cookie 和缓存文件

『 11.13　Cookie 泄露隐私 』

　　某年中央电视台"3·15"晚会上曝光了一个现象，很多不法公司利用 Cookie 跟踪并采集用户的个人信息，并转卖给网络广告商，形成了一条窃取用户信息的灰色产业链。通过这种方法可以实现广告准确投放，但却严重干扰了用户的正常网络应用，侵害了用户的隐私和利益。

　　目前欧洲一些国家已经对 Cookie 立法，并规定：如果网站需要保存用户的 Cookie，就必须弹出一个对话框，经用户确认后才能保存 Cookie。

■■ 第12章 ■■

—— Fiddler 实现 Cookie 劫持攻击 ——

通过前面的学习，我们已经知道 Cookie 的作用及其重要性。Cookie 用于维持会话，如果这个 Cookie 被攻击者窃取的话，会发生什么呢？Cookie 被窃取相当于会话被劫持。攻击者劫持会话就等于合法登录了他人的账户，可以浏览大部分用户资源。本章内容将通过实例讲解如何利用 Fiddler 实现 Cookie 劫持。

12.1 截获 Cookie 冒充别人身份

Cookie 是很重要的，其用于识别用户身份，假如攻击者截获了别人的 Cookie，是否可以冒充他人的身份登录呢？当然可以。这种黑客技术叫 Cookie 欺骗或者会话劫持。

利用 Cookie 欺骗，不需要知道用户名和密码，就可以直接登录进行操作，从而获取你的信息，修改你的资料，甚至挪用你的资金，这里非常危险的。

通常有两种方法可以截获他人的 Cookie。

（1）通过跨站脚本攻击（XSS）获取他人的 Cookie。

（2）想办法获取别人电脑上保存的 Cookie 文件。

12.2 Cookie 劫持的原理

第一步：黑客通过某种手段，比如 XSS，得到了 Cookie，如图 12-1 所示。

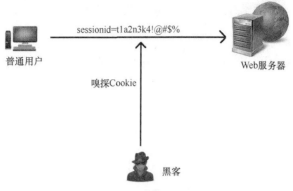

图 12-1　嗅探 Cookie

第二步：黑客使用 Cookie，在没有用户名和密码的情况下直接冒充用户的身份登录，如图 12-2 所示。

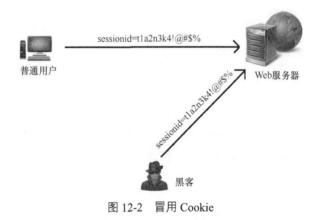

图 12-2　冒用 Cookie

『 12.3　Cookie 劫持实例介绍 』

我们通过豆瓣网登录实例来演示 Cookie 劫持过程，具体操作步骤如下。

（1）找到登录的 Cookie。具体做法是在计算机 A 上登录豆瓣网后，用 Fiddler 抓包，找到跟登录相关的 Cookie，并把 Cookie 发给计算机 B。

（2）植入 Cookie。具体做法是在计算机 B 上，利用 Fiddler Script 把 Cookie 植入浏览器中，这样计算机 B 不需要用户名和密码，就可以直接登录了。

12.3.1　找到登录的 Cookie

首先，我们需要使用 Fiddler 找到跟登录相关的 Cookie，具体的操作步骤如下。

（1）打开豆瓣网 www.douban.com，用账号和密码登录。

（2）启动 Fiddler，在豆瓣网中单击右上角的用户名，在菜单栏中单击"账号管理"，就跳转到了这个页面：https://www.douban.com/accounts/，抓到的包如图 12-3 所示。

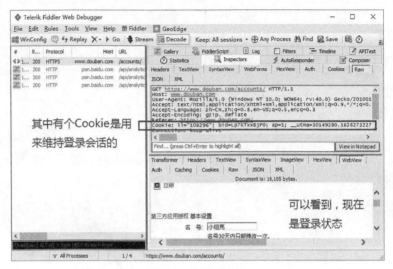

图 12-3　豆瓣网抓包

（3）在 Fiddler 中选择 https://www.douban.com/accounts/这个 Session，然后用鼠标右键选择 Replay -> Reissue and Edit。在 Raw 选项卡下，找到一个名叫 dbcl2 的 Cookie，比如我这里的是：dbcl2="163572032:csUO41kxRDg"；删除这个 dbcl2 的 Cookie，然后单击"Run to Completion"放行，如图 12-4 所示。

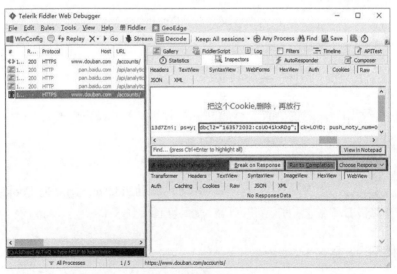

图 12-4　删除 Cookie

（4）我们可以发现跳转到了登录页面。这说明 dbcl2 这个 Cookie 是跟登录相关的，将其删除后就处于未登录状态，Web 服务器会返回 302 状态码，会自动重定向到登录界面，如图 12-5 所示。

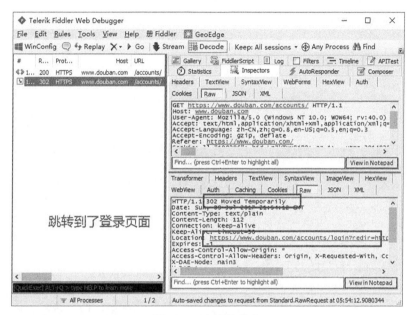

图 12-5　未登录状态

12.3.2　浏览器中植入 Cookie

我们得到了登录相关的 Cookie，dbcl2＝"163572032:csUO41kxRDg"，只需要把这个 Cookie 植入浏览器中，就可以直接登录该账户进行操作了。

之前的章节中我们讲解过 Fiddler Script 的用法，Fiddler Script 可以修改任何 HTTP 请求和 HTTP 响应，当然也可以很方便地修改 Cookie。

我们可以找一台新机器，在 Fiddler Script 中的 OnBeforeRequest 函数中添加如下语句：

```
if(oSession.uriContains("douban.com"))
{
    var sCookie ="dbcl2=\"163572032:csUO41kxRDg\"";
    oSession.oRequest["Cookie"] = sCookie;
}
```

打开一个浏览器，访问豆瓣网，我们可以发现自己已处于登录状态了，如图 12-6 所示。

图 12-6

『 12.4　网站退出的作用 』

　　上面的例子告诉我们，Cookie 是非常重要的。网站登录后，都会有一个退出链接，网站退出是明确地告诉服务器立即删除服务器端的 Session 对象，这样客户端登录的 Cookie 就失效了。如果用户登录某个网站，然后离开的时候直接关闭浏览器，那么登录的 Cookie 还在，存在被冒用的风险。保险的办法是单击退出而不是直接关闭浏览器。

■■ 第13章 ■■

—— HTTP 基本认证 ——

HTTP 协议是无状态的，浏览器和 Web 服务器之间可以通过 Cookie 来识别身份。一些桌面应用程序（比如新浪桌面客户端、OneDrive 客户端和 Dropbox 客户端）跟 Web 服务器之间是如何识别身份呢？

HTTP 协议中还有两种认证方式，分别是基本认证和摘要认证。认证就是客户端要给服务器出示一些自己的身份证明，来证明自己是谁，一旦服务器知道了客户端的身份，就可以判定客户端可以进行访问了。通常是通过提供用户名和密码来进行认证的。

〖 13.1 什么是 HTTP 基本认证 〗

一些网站和 Web 服务使用的是 HTTP 基本认证。有些桌面应用程序也通过 HTTP 协议跟 Web 服务器交互，桌面应用程序一般不会使用 Cookie，而是把"用户名+冒号+密码"用 Base64 编码放在 HTTP 请求中的 Header Authorization 中发送给服务端，这种方式叫 HTTP 基本认证（Basic Authentication）。

在基本认证中，Web 服务器可以拒绝一个事物，要求客户端提供有效的用户名和密码。服务器会返回 401 状态码来初始化认证质询，并用 WWW-Authenticate 响应首部指定要访问的安全域。浏览器收到质询时，会打开一个对话框，请求用户输入用户名和密码，然后将用户名和密码用 Base64 编码，再用 Authorization 请求首部发送给服务器。

13.1.1　路由器管理页面使用基本认证

我们普通家庭里都会使用路由器，路由器的管理页面使用的就是基本认证，我们通过这个实例来理解基本认证的过程。

（1）找出路由器的 IP 地址，在 CMD 中输入 ipconfig 命令能知道路由器的 IP 地址，比如路由器的 IP 地址是 10.0.0.1，如图 13-1 所示。

图 13-1　查看路由器的 IP 地址

（2）启动 Fiddler，打开浏览器，输入 http://10.0.0.1，可以打开一个网页，网页会弹出对话框，要求用户输入用户名和密码，如图 13-2 所示。

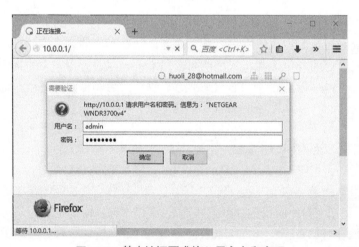

图 13-2　基本认证要求输入用户名和密码

（3）路由器用户名/密码是 admin/password。在对话框中输入用户名 admin 和密码 password2。因为密码错误，所以认证不会通过，服务器会返回 401 状态码，Fiddler 抓包如图 13-3 所示。

在 HTTP 请求中可以看到有个 Authorization: Basic YWRtaW46cGFzc3dvcmQy。这是因

为浏览器把"用户名+冒号+密码"用 Base64 编码了。例如 admin:password2 被编码后，就变成了 YWRtaW46cGFzc3dvcmQy。

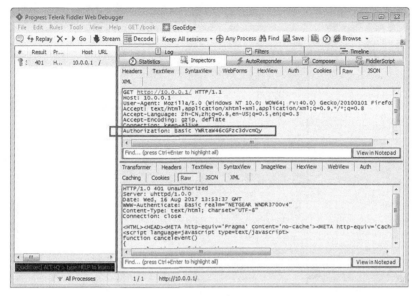

图 13-3　401 状态码

如图 13-4 所示，使用 Fiddler 中的 Auth 选项卡，可以方便地看到用户名和密码，以及编码后的字符串。

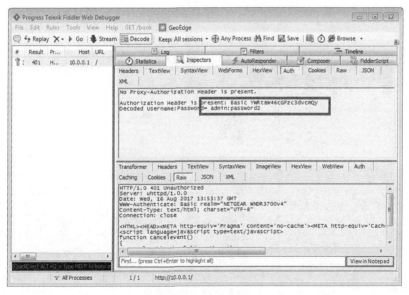

图 13-4　Auth 选项卡

（4）输入正确的用户名和密码（admin/password），认证通过，服务器返回 200 状态码给浏览器客户端，如图 13-5 所示。

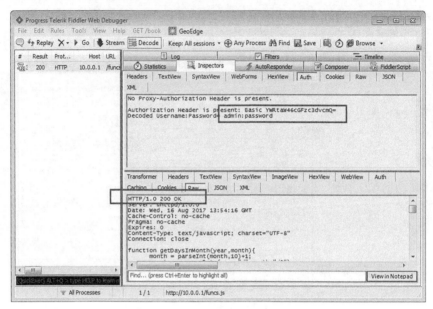

图 13-5 基本认证通过

这时就可以正常打开路由器的管理界面，如图 13-6 所示。

图 13-6 路由器管理页面

13.1.2 HTTP 基本认证的优点

HTTP 基本认证简单明了，Restful API 就经常使用基本认证。

13.1.3 HTTP 基本认证的缺点

把"用户名+冒号+密码"用 Base64 编码后的字符串虽然用肉眼看不出来，但用程序很容易解码，所以不能用 HTTP 在网络上传输。一定要用 HTTPS 传输，因为 HTTPS 是加密的，稍微安全一点。

（1）HTTP 协议是无状态的，同一个客户端对服务器的每个请求都要求认证。

（2）基本认证会通过网络发送用户名和密码，这些用户名和密码以 Base64 编码。Base64 编码是一种可逆编码，非常容易破解，所以基本认证相当于以明文的方式传输用户名和密码，非常容易被第三方拦截。

（3）使用基本认证登录后，除非关闭浏览器或者清除历史记录，否则将无法登出。

（4）无法防止重放攻击。即使基本认证的密码是经过加密传输的，第三方仍然可以捕获被修改过的用户名和密码，并将修改过的用户名和密码反复多次地重放给原始服务器，以获得对服务器的访问权，基本认证没有什么措施可以防止这些重放攻击。

13.1.4 使用 TextWizard 工具

单击 Fiddler 工具栏中的 TextWizard，可以调出一个小工具 TextWizard 来进行 Base64 编码和解码，如图 13-7 所示。

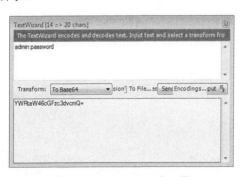

图 13-7 TextWizard 小工具

13.1.5 客户端的使用

客户端跟"使用基本认证的网站"交互非常简单，把用户名、密码加在 Authorization

header 中就可以了。

```
C#
string url = "https://testsite";
HttpWebRequest req = (HttpWebRequest)WebRequest.Create(url);
NetworkCredential nc = new NetworkCredential("username", "password");
req.Credentials = nc;
```

Linux 下的 curl 如下：

```
curl -u username:password https://testsite/
```

『 13.2　摘要认证 』

摘要认证是针对基本认证存在的诸多问题而进行改良的方案。摘要认证是另外一种 HTTP 认证协议，它试图修复基本认证的严重缺陷，进行如下改进。

（1）通过传递用户名、密码等计算出来的摘要来解决以明文方式在网络上发送密码的问题。

（2）通过服务器产生随机数 nonce 的方式防止恶意用户捕获并重放认证的握手过程。

（3）通过客户端产生随机数 cnonce 的方式支持客户端对服务器的认证。

（4）通过对内容也加入摘要计算的方式，可以有选择地防止对报文内容的篡改。

■■ 第14章 ■■

── Fiddler 手机抓包 ──

Fiddler 不但能截获各种浏览器发出的 HTTP 请求，也可以截获各种智能手机发出的 HTTP/ HTTPS 请求。

Fiddler 能捕获 iOS 设备发出的请求，比如 iPhone、iPad 和 MacBook 等苹果设备。同理，其也可以截获 Android 和 Windows Phone 等设备发出的 HTTP/HTTPS 请求。

本章介绍 Fiddler 如何截获移动端发出的 HTTP/HTTPS 请求。

『 14.1 环境准备 』

Fiddler 如果想要实现手机抓包，需要先满足下面 3 个条件。

（1）电脑上安装有 Fiddler 抓包工具。

（2）安装有 Fiddler 的电脑必须跟手机处在同一个网络里。

（3）在 Fiddler 中设置好捕获 HTTPS（具体方法请参考第 2 章）。

『 14.2 Fiddler 截获手机原理图 』

Fiddler 作为代理服务器，可以接收远程机器发来的 HTTP/HTTPS 协议的数据包，并且将其转发到 Web 服务器，如图 14-1 所示。

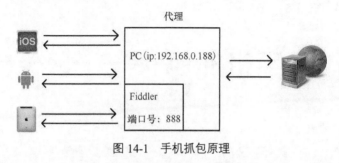

图 14-1 手机抓包原理

『 14.3 截获手机发出的 HTTP 包有什么作用 』

用处一：APP 开发人员利用 Fiddler 可以截获手机发出的 HTTP 包，从而调试 APP 程序。

用处二：软件测试人员可以用其来测试智能手机上的软件，做接口测试或者安全测试。

用处三：截获了 HTTP/HTTPS 后，可以下断点修改 HTTP 请求和 HTTP 响应。

『 14.4 手机抓包 』

14.4.1 配置 Fiddler 允许"远程连接"

启动 Fiddler，单击菜单栏中 Tools->Fiddler Options->Connections，选中"Allow remote computers to connect"，如图 14-2 所示。

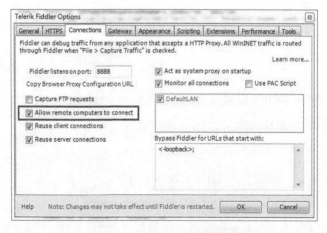

图 14-2 Fiddler 允许远程连接

选中后就表示允许远程机器把 HTTP/HTTPS 请求发送到 Fiddler 上来（配置完后记得要重启 Fiddler）。同时，我们还能看到 Fiddler 的工作端口号是 8888。

14.4.2　获取 Fiddler 所在机器的 IP 地址

查看电脑的 IP 地址，按快捷键【Windows+R】，调出运行窗口。输入 CMD，可以打开 CMD 命令行工具；输入命令"ipconfig"，可以找到 IP 地址。

一个电脑可能有多个网卡，注意要找到真正的 IP 地址，例如某 IP 地址是 10.0.0.11，如图 14-3 所示。

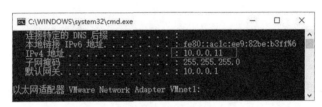

图 14-3　输入 ipconfig 查看 IP 地址

或者在 Fiddler 中，将鼠标放在右上方的"online"图标上，提示信息中也能看到 IP 地址，如图 14-4 所示。

图 14-4　Fiddler 中查看 IP 地址

14.4.3　手机上设置代理服务器

本节内容适合所有的设备，包括 iPhone 和 Android。下面以华为手机为例进行讲解，其他品牌的手机操作方法与此差不多。具体操作步骤如下。

（1）打开手机中的设置->WLAN，找到手机当前连接的 Wi-Fi（iPhone 是单击图标 I，一些 Android 手机是单击右边的箭头，有的是长按弹出对话框），如图 14-5 所示。

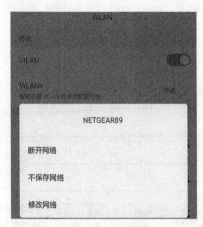

图 14-5　修改 Wi-Fi 的代理服务器

（2）将代理改为手动，服务器主机名为 Fiddler 所在电脑的 IP 地址，服务器端口为 8888，如图 14-6 所示。

图 14-6　设置代理服务器地址和端口号

（3）单击"连接"就可以设置成功（有些 Android 系统的手机需要重新输入 Wi-Fi 密码才能连接）。

14.4.4　测试 Fiddler 捕获手机发出的 HTTP

打开手机上的浏览器，在浏览器中输入 www.163.com。163 网站用的是 HTTP 协议而不是 HTTPS 协议，查看 Fiddler 是否捕获到了 HTTP 数据包。

打开手机上的 APP，在 APP 中进行一些操作，查看 Fiddler 是否能捕获到 HTTP 数据包。

如果抓不到 HTTP 的包，很可能是 Windows 防火墙的问题，到控制面板中关闭防火墙后再试试。

14.4.5　捕获手机上的 HTTPS

如果只是抓取手机上 APP 或者浏览器发出的 HTTP 请求，则不需要安装证书，直接就能抓到。

如果需要捕获 HTTPS 请求，则必须把 Fiddler 证书安装到手机上。

14.4.6　Apple 设备需要使用插件制作新证书

如果要对 Apple 设备进行抓包，则需要重新做证书，某些 Android 可能也需要重新做证书。

Fiddler 默认的证书是基于命令行工具 makecert.exe，几乎所有的 Windows 客户端都接受该工具生产的证书。但是 Apple IOS 设备（iPhone、iPad）和少部分 Android 要求根证书和服务器证书包含 makecert.exe 生产的证书中所没有的其他元数据。为了兼容这些设备，需要下载 Fiddler 插件 "CertMaker for IOS and Android"。

Certificate Maker 的下载地址是 http://www.telerik.com/fiddler/add-ons；下载运行之后，会为 Fiddler 生产新的证书，如图 14-7 所示。

图 14-7　Fiddler CertMaker 生成新的证书

14.4.7　iOS 设备安装证书方法

（1）打开 iOS 手机的 Safari 浏览器，输入 http://hostip:8888，hostip 就是 Fiddler 所在的计算机上的 IP。在打开的网页中，单击"FiddlerRoot certificate"，单击"允许"，下载证书，如图 14-8 所示。

图 14-8　单击"允许"，下载证书

（2）单击"安装"，安装证书，如图 14-9 所示。

图 14-9　单击"安装"，安装 Fiddler 证书

14.4.8　Android 设备安装证书方法一

打开手机的浏览器，输入 http://hostip:8888，hostip 就是 Fiddler 所在的计算机上的 IP。在打开的网页上单击 "FiddlerRoot certificate" 下载证书，如图 14-10 所示。

图 14-10　Android 下载证书

在安装证书的界面，给证书取一个名字，然后单击 "确定"，系统会提示证书安装成功，如图 14-11 所示。

图 14-11　Android 安装证书

证书安装成功后，如果你的手机系统没有设置密码或者锁屏图案，则系统会提示你设置锁屏图案或者密码，如图 14-12 所示。

当然这种方法可能会安装失败。如有的手机无法按这种方式安装证书并提示"无法安装该证书，因为无法读取证书文件"。这时可以使用下面的方法来安装证书。

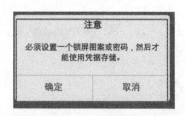

图 14-12　手机系统提示设置锁屏

14.4.9　Android 设备安装证书方法二

（1）启动 Fiddler，单击菜单栏中的 Tools->Fiddler Options->HTTPS，在 Actions 中单击"Export Root Certificate to Desktop"。

这样可以把 Fiddler 的证书文件导出到电脑桌面上，Fiddler 的证书文件叫"FiddlerRoot.cer"。

（2）把 Fiddler 证书文件发到手机上。例如可以用 PC 上的 QQ 软件把文件"FiddlerRoot.cer"发送到手机 QQ 上来。

这样"FiddlerRoot.cer"就保存在了手机中。比如某存储路径是：内部存储设备>Tencent> QQfile_recv>FiddlerRoot.cer。

（3）打开手机中的设置->系统安全->凭据存储->从 SD 卡安装。不同品牌的手机会有差异，图 14-13 所示为小米 Note4 手机的显示状态。

图 14-13　从 SD 卡安装证书

（4）选择 FiddlerRoot.cer，这样就能成功安装好证书，如图 14-14 所示。

图 14-14　Android 安装证书

14.4.10　测试 Fiddler 捕获手机的 HTTPS

打开手机上的浏览器，输入 https://www.baidu.com，看看手机能否捕获到百度的 HTTPS 请求。

打开手机上的 APP，做一些操作，看看手机能否获取到 APP 发出的 HTTP 和 HTTPS 请求。

『 14.5　设置过滤 』

在手机上设置好代理后，Fiddler 上会抓到 PC 端的和手机端的所有请求，可以设置过滤。

在 Fiddler 中，选择 Tools->Fiddler Options->HTTPS，选择"from remote clients only"，如图 14-15 所示。

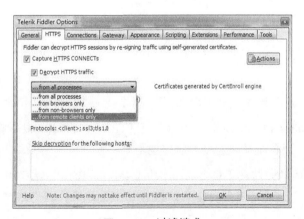

图 14-15　过滤请求

『 14.6　如何卸载证书 』

　　不同的手机品牌，卸载证书的操作有所差异。打开手机中的设置->系统安全->信任的凭据，选择 Fiddler 的证书，单击"删除"即可，如图 14-16 所示。

图 14-16　卸载证书

『 14.7　手机抓包提醒 』

　　手机设置代理后，测试完之后记得把代理关闭，否则手机将不能上网。

　　对 iPhone 上 iTunes 和 App Store 发出来的 HTTPS 包，Fiddler 很可能抓不到，随着 iOS 的不断升级，在 IOS 设备上抓包会变得越来越困难。

　　当 Fiddler 证书成功安装在手机上后，手机上会经常提示"网络可能会受到监控，受到不明第三方的监控"。这就是因为安装了 Fiddler 证书的原因，可忽略这个提示。

Fiddler 发送 HTTP 请求

第15章 Fiddler发送Http请求

15

Fiddler 不但可以抓包，还可以修改包，也可以像 JMeter、Postman 和 RestClient 等工具一样直接发送 HTTP 请求。Fiddler 可以使用重放功能或者 Fiddler Composer 来发送 HTTP 请求。

Fiddler 中重放 HTTP 请求的功能非常实用，可以用来做性能测试。

15.1 Fiddler Composer 发送 HTTP 请求

Fiddler 有个功能组件叫 Composer，可以用来发送 HTTP 请求。Fiddler 的作者把 HTTP Request 发送器取名为 Composer，中文意思是乐曲的创造者，很有诗意。

15.1.1 Composer 发送 Get 请求

启动 Fiddler 找到 Composer 选项卡，手动写一个 HTTP 请求，发送一个 Get 的 HTTP 请求。

```
GET http://www.cnblogs.com/TankXiao/p/7087990.html HTTP/1.1
User-Agent: Fiddler
Host: www.cnblogs.com
```

Composer 发送 HTTP 请求的界面如图 15-1 所示。

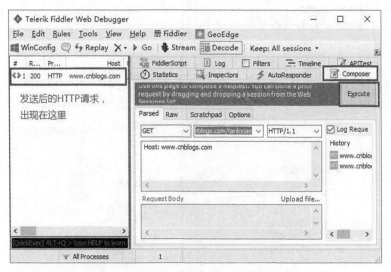

图 15-1　Composer 发送 Get 请求

15.1.2　Composer 的编辑模式

Composer 有两种编辑模式，具体如下。

Parsed 模式。这个模式比较常用，把 HTTP 请求分为 3 个部分：请求起始行、请求 Header 和请求 Body。通过该模式，创建一个 HTTP 请求变得很容易。

Raw 模式。该模式需要一行一行地写一个 HTTP 请求。

15.1.3　Composer 发送 Post 请求

禅道的演示网站是 http://demo.zentao.net，用户名是 demo，密码是 123456，我们来用 Fiddler 发送一个登录的 Post 请求。

```
POST http://demo.zentao.net/user-login-Lw==.html HTTP/1.1
Host: demo.zentao.net
User-Agent: QQBrowser/9.6.12624.400
Content-Type: application/x-www-form-urlencoded

account=demo&password=123456
```

Composer 发送 Post HTTP 请求如图 15-2 所示。

图 15-2　Composer 发送 Post 请求

15.1.4　Composer 编辑之前捕获的 HTTP 请求

在 Web 会话列表中，可以将捕获到的 HTTP 请求拖曳到 Composer 中，编辑后再发送出去。

『 15.2　Fiddler 重新发送 HTTP 请求 』

Fiddler 可以将捕获的 HTTP 请求重新发送出去。Fiddler 工具栏上有一个 Replay 按钮，单击该按钮可以向 Web 服务器重新发送选中的 HTTP 请求。当选中多个 Session，并且按下 Replay 按钮后，Fiddler 会用多线程同时发送请求。此功能可以用来做并发的性能测试。

15.2.1　Replay 菜单

按下 Shift 键的同时单击该按钮，会弹出提示框，要求指定每个请求被重新发送的次数。

按下 Ctrl 键的同时单击该按钮，在 HTTP 请求中不会包含 IF-Modified-Since 和 If-None-Match。

在会话列表中，选中一个或者多个的 Session，右键菜单我们可以看到一个 Replay 菜单，如图 15-3 所示。

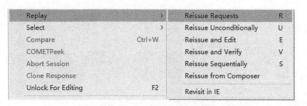

图 15-3　Replay 菜单

Replay 菜单的详细说明如下所示。

Reissue Requests	R	重新发送请求，和菜单栏上 Replay 按钮是一样的功能
Reissue Unconditionally	U	无条件反复发送选中的请求
Reissue and Edit	E	把选中的请求以原来的形式重新发送，在每个新的 Session 中设置断点，在请求发送给服务器之前，可以修改请求
Reissue and Verify	V	重新发送请求，检查响应，如果响应和上一个请求一样，就会变成绿色
Reissue Sequentially	S	选中多个 Session 会按顺序一个一个重新发送请求，是单线程模式
Reissue from Composer		在 Composer 中编辑该请求
Revisit in IE		在 IE 浏览器中用 Get 方法访问这个请求

15.2.2　简单的性能测试

在 Web Sessions 列表中，选中一个或者多个 Session，然后按下 Shift 键的同时单击 "Replay" 按钮，会弹出提示框，要求指定每个请求被重新发送的次数。Fiddler 会用多线程同时发送该请求，相当于模拟了很多用户同时访问该请求。如图 15-4 所示。

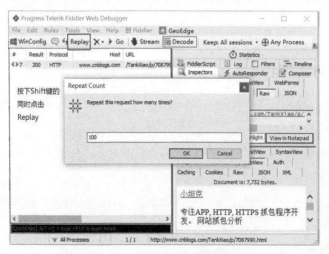

图 15-4　Fiddler 做简单的性能测试

15.2.3 先编辑再发送

在 Web Sessions 列表中，选中一个 Session，单击鼠标右键选择 Replay->Reissue and Edit，快捷键是 E。该功能可以把一个 HTTP 请求重新发送出去，并且拦截住，将其进行编辑，然后再发出去。

『 15.3 安全测试之重放攻击 』

Web 安全中，有一种安全测试叫作重放攻击。重放攻击（Replay Attacks）又称重播攻击、回放攻击。软件开发人员和测试人员都需要理解重放攻击的原理，并且防范这种攻击。

攻击者发送一个目的主机已接收过的包，特别是在认证的过程中，用于认证用户身份所接收的包，来达到欺骗系统的目的。该包主要用于身份认证过程，破坏认证的安全性。

15.3.1 重放攻击是怎么发生的

重放攻击是指黑客通过抓包的方式，得到客户端的请求数据及请求连接，重复地向服务器发送请求的行为。

15.3.2 重放攻击的危害

比如 APP 中有一个"下单"的操作，当你单击购买按钮时，APP 向服务器发送购买的请求。而这时黑客对你的请求进行了抓包，得到了你的传输数据。因为你填写的都是真实有效的数据，是可以购买成功的，因此黑客不用做任何改变，直接把你的数据再往服务器提交一次就行了。这就导致了你可能只想购买一个产品，结果由于黑客重放攻击，你就购买了多次。如果是用户操作的话，肯定会感到莫名其妙：怎么购买了那么多同样的产品，我只买了一个啊？所以，重放攻击的危害还是挺大的，特别是涉及金钱交易时。因此防止重放攻击在电商项目中是必不可少的。

很多网站的投票或者点赞功能也要防止重放。黑客会对投票或者点赞进行抓包，然后重复发送来进行刷票。

15.3.3 重放攻击的解决方案

在 HTTP 请求中添加时间戳（stamp）和数字签名（sign），可以防止重放攻击。也就是说每次发送请求时需要多传两个参数，分别为 stamp 和 sign。比如：

原先的请求为 http://www.tankxiao.com/api/buypro，修改之后的请求为 http://www.tankxiao/api/buypro?stamp=1403151835&sign=45f36r46b8df298ad65c9f9241eccd。

数字签名是为了确保请求的有效性。因为签名是经过加密的，只有客户端和服务器知道加密方式及 Key，第三方模拟不了。我们通过对 sign 进行验证来判断请求的有效性，如果 sign 验证失败则判定为无效的请求，反之有效。但是数字签名并不能阻止重放攻击，因为黑客可以抓取你的 stamp 和 sign（不需做任何修改），然后发送请求。这个时候就要对时间戳进行验证。

时间戳是为了确保请求的时效性。我们将上一次请求的时间戳进行存储，在下一次请求时，将两次时间戳进行比对。如果此次请求的时间戳和上次的相同或小于上一次的时间戳，则判定此请求为过时请求，无效。因为正常情况下，第二次请求的时间肯定是比上一次的时间大的，不可能相等或小于。

有人会问，我直接用时间戳不就行了，为什么还要数字签名？因为黑客可能对请求进行抓包，然后修改时间戳为有效的时间戳值。我们的数字签名采用 stamp+key 进行组合加密，即使黑客修改了 stamp，但是由于黑客不知道 key，所以 sign 验证这步就成功地阻止了黑客的请求。

15.3.4　APP 验证码重放

很多 APP 都有注册功能，一般用手机号码注册。注册时需要给手机号码发送一个验证码，这个获取验证码的操作应该防范重放攻击。下面我们看一个实例。

第 1 步：在手机上打开一个 APP，打开注册页面，启动 Fiddler，配置好 Fiddler 手机抓包，如图 15-5 所示。

图 15-5　APP 的登录页面

第 2 步：在 App 中输入手机号码，并且单击获取验证码按钮，如图 15-6 所示。

图 15-6　APP 输入手机号码后获取验证码

第 3 步：在 Fiddler 中，找到能捕获获取验证码的 HTTP 请求，如图 15-7 所示。

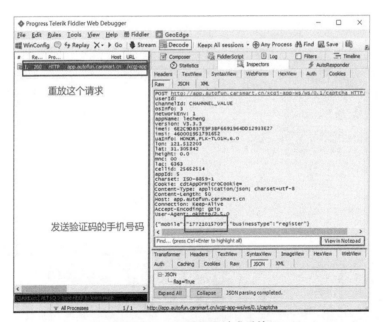

图 15-7　APP 验证码请求重放

第 4 步：在 Fiddler 中重放这个请求，选中这个 HTTP 请求，利用 Fiddler 的重放功能可以再次发送验证码，甚至可以修改手机号码再发送。这样做会给 APP 带来很大的损失。

「 15.4　查找和登录相关的 Cookie 」

任何一个网站，都会有一个 Cookie 是用来维护登录的，如果浏览器发送的请求没有这个 Cookie，Web 服务器就会返回 302 状态码，让浏览器跳转到登录页面。

我们用百度作为例子，来演示如何使用 Fiddler 的重放功能来查找维护登录的 Cookie。

第 1 步：打开浏览器，访问百度网页，并且登录账号。

第 2 步：打开 "http://i.baidu.com"，这个页面只有登录状态下才能打开，如图 15-8 所示。

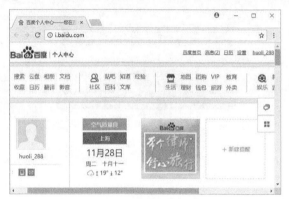

图 15-8　百度个人中心页面

第 3 步：启动 Fiddler，再一次打开 "http://i.baidu.com"。我们能用 Fiddler 捕获到浏览器访问 "http://i.baidu.com" 的包。从 HTTP 请求中，我们可以看到浏览器发送了很多个 Cookie，如图 15-9 所示。

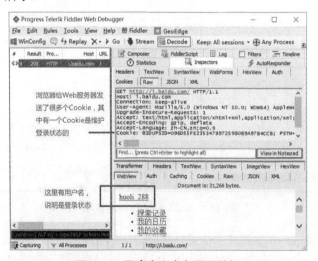

图 15-9　百度个人中心页面抓包

第 4 步：在 Web 会话列表中，选择"http://i.baidu.com"这个会话，右键单击，选择 Replay->Reissue and Edit 或者用快捷键 E，这个时候发出去的 HTTP 请求处于可以编辑的状态，删除一个 Cookie，然后单击"Run to Completion"再发出去，如图 15-10 所示。

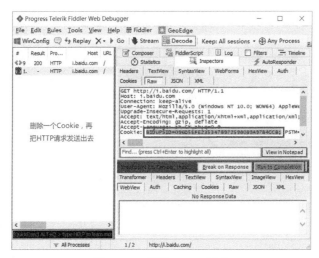

图 15-10　重发 HTTP 请求

第 5 步：删除这个 Cookie 后，检查 HTTP 响应，发现还是处于登录状态，说明删除的那个 Cookie 跟登录没有关系，如图 15-11 所示。

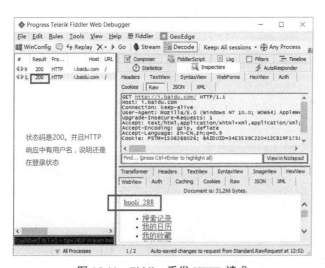

图 15-11　Fiddler 重发 HTTP 请求

第 6 步：删除一个名为 BDUSS 的 Cookie，然后再发出去，如图 5-12 所示。

图 15-12　Fiddler 重新发送 HTTP 请求

第 7 步：检查 HTTP 响应，可以看到返回的是 302 状态码，说明这个 Cookie 是跟登录相关的，如图 15-13 所示。

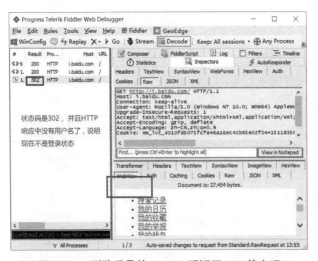

图 15-13　删除登录的 Cookie 后返回 302 状态码

第16章

——— Fiddler 实现弱网测试 ———

在使用 APP 过程中，经常会碰到网速慢，甚至网络中断的场景，影响用户体验。这种网速慢和网络中断的情况，我们称之为弱网。要模拟出弱网的环境，就需要用到 Fiddler。

使用 Fiddler 能让弱网测试变得非常简单，Fiddler 是通过延迟发送或接收数据的时间来模拟限速的。

『 16.1　什么是弱网 』

随着国内移动端的迅速发展，大量的用户会在地铁、隧道、电梯和车库等场景下使用 APP。这种弱网的场景下，网络会出现延时、中断和超时等情况。

APP 的开发人员和测试人员需要针对这些场景，验证在弱网的情况下软件的处理机制，从而避免因用户体验不友好造成用户的流失。弱网测试属于健壮性测试。在弱网测试条件下，要测试产品的运行状态、处理机制、提示信息，以及网络恢复后的重连等。

一般来说，开发人员在 localhost 下调用程序，很难模拟用户真实使用情况，比如正在下载 JS、CSS 等静态资源的时候页面的渲染情况。当网速很慢的情况下，我们希望看到的是先渲染出用户界面，而不是让用户看到一片空白。

16.2　弱网环境带来的问题

弱网的环境会带来一系列的问题，具体如下。

（1）操作时间慢。用户在地铁里操作手机 APP，由于网络慢，页面加载不出来。原因可能是 API 在网络慢的情况下性能很差。用户在公交车上用手机 APP 看新闻，当公交车进入隧道的时候，网络变得很慢，APP 上的新闻一直没法加载出来。我们需要测试每个 API 消耗的时间，这个指标可以衡量 APP 性能的好坏。

（2）用户体验不好。一个安卓手机用户使用一款看小说的 APP 在地铁里看小说，当地铁进入隧道的时候，手机信号中断了。用户单击翻页，想看下一页的时候，因为网络中断，APP 的界面卡死并且闪退。原因是 APP 不稳定，没有处理好网络中断的情况。

（3）非正常情况下，出现 Bug 的可能性会增加。如一个电商的手机 APP 有秒杀优惠券的功能。一些 APP 用户在乘坐电梯的时候，使用 APP 来秒杀优惠券。单击秒杀优惠卷的按钮后，APP 响应缓慢。于是，用户重复单击秒杀优惠券按钮。这就造成了几乎同一时间，同一个用户有多个 HTTP 请求发送到服务器，形成了并发，结果用户抢到了多张优惠券。

16.3　弱网测试的目的

弱网测试的目的是让 APP 在任何网络下都能表现自如，让开发人员能够预知 APP 在较差网络环境下的表现，提前发现问题，进行有针对性的优化。

16.4　弱网的场景

我们需要模拟出以下 3 种弱网场景。

（1）网络慢或延迟，导致加载时间长。

（2）网络中断，Web 服务器返回 500 等状态码。

（3）网络超时，HTTP 请求发出去后，很久都没有响应。

16.5　Fiddler 模拟网络延迟

为了重现这些问题，我们需要用软件来模拟出网络慢的情况。我们可以用 Fiddler 来限速，原理如图 16-1 所示。

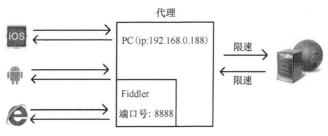

图 16-1　Fiddler 限速原理图

在前几章中，已经讲过如何用 Fiddler 捕获手机 APP 的 HTTP 请求，在弱网测试中我们也需要捕获手机 APP 的 HTTP 请求，然后限速。

实例：当浏览器访问博客园网站的时候，用 Fiddler 来限速。具体操作步骤如下。

（1）启动 Fiddler，选择 Rules -> Performances -> Simulate Modem Speeds。

（2）打开浏览器，访问 http://www.cnblogs.com/tankxiao/。你会发现打开网页的速度很慢。

16.6　精确控制网速

我们还可以精确控制网速，可以通过修改 Fiddler Script 来实现。我们在第 10 章中详细介绍过如何修改 Script。具体的操作步骤如下。

（1）启动 Fiddler，选择 Rules -> Performances -> Simulate Modem Speeds。

（2）在 FiddlerScript 中找到如下一段代码：

```
1    if (m_SimulateModem) {
2        // Delay sends by 300ms per KB uploaded.  每上传 1KB 数据，延时 0.3 秒
3        oSession["request-trickle-delay"] = "300";
4        // Delay receives by 150ms per KB downloaded. 每下载 1KB 数据，延时 0.15 秒
5        oSession["response-trickle-delay"] = "150";
6    }
```

把数值改大一点，比如修改为 oSession["request-trickle-delay"] = "900"，oSession["response- trickle-delay"] = "600"，修改完之后保存 Script。

（3）保存完之后，原本已经勾选的 Simulate Modem Speeds 会被取消勾选；再次选中 Rules->Performances->Simulate Modem Speeds。

（4）再次打开浏览器，访问 http://www.cnblogs.com/tankxiao/。你会发现，打开网页变

得更慢了。

网络取值的算法就是 1000/下载速度 = 需要延迟的时间（ms），比如 50kbit/s 需要延迟 200ms 来接收数据。

『 16.7　Fiddler 模拟网络中断 』

用 Fiddler 可以下断点，伪造 HTTP 响应，如图 16-2 所示。移动端发出的 HTTP 请求根本没有到达服务器，而是被 Fiddler 直接返回了一个伪造的 HTTP 响应。

图 16-2　Fiddler 伪造 HTTP 响应原理图

Fiddler 具有下断点的功能，我们可以利用 Fiddler 直接返回 500、503 等各种状态码。

具体做法是用 Fiddler 拦截住移动端发出来的 HTTP 请求，然后在 "Choose Response" 选中需要返回的状态码并返回给移动客户端，如图 16-3 所示。

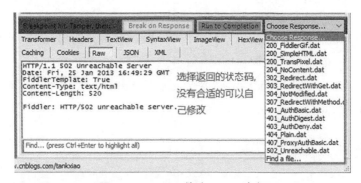

图 16-3　Fiddler 伪造 HTTP 响应

『 16.8　实例：Fiddler 返回 500 状态码 』

（1）在桌面上新建一个 txt 文件，里面的内容如下：

```
HTTP/1.1 500 Internal Server Error
Date: Fri, 11 Aug 2017 07:25:35 GMT
Content-Type: text/html; charset=utf-8
```

```
Connection: keep-alive
Vary: Accept-Encoding

this is 500 internal Server Error by Fiddler! tank
```

（2）在 Fiddler 中设置断点，打开浏览器，访问 http://www.cnblogs.com/TankXiao/p/7087990.html。

（3）Fiddler 会拦截住这个请求，选择 "Find a file..."，选择桌面上的 txt 文件，然后单击 "Run to Completion"，如图 16-4 所示。

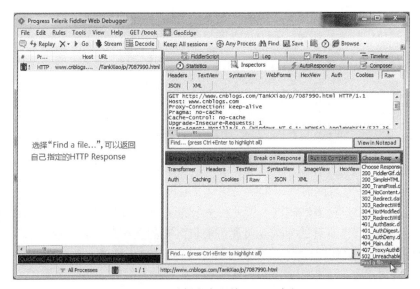

图 16-4　选择自定义的 HTTP 响应

（4）这样 Fiddler 就把 500 状态码，返回给了浏览器。

16.9　Fiddler 模拟网络超时

利用 Fiddler 下断点的功能拦截住移动客户端发出的 HTTP 请求，这样就相当于网络超时了，然后再检查客户端有没有重发或者超时的机制。

■■ 第 17 章 ■■

── 自动化测试和接口测试 ──

当今我们正处于互联网时代，特别是移动互联网时代。大量的程序都是以 APP 或者 Web 的形式提供给用户使用。测试人员现在主要测试的是 APP 或者 Web 端。按照架构程序可以分为前端和后台。有的测试人员测试前端，有的测试后台。学好了 HTTP 协议和 Fiddler，可以将其应用到后台的自动化测试和接口的自动化测试。

『 17.1 自动化测试分类 』

自动化测试的种类非常多。如图 17-1 所示为自动化测试的分类以及需要用到的测试工具。

『 17.2 分层的自动化测试理念 』

如图 17-2 所示，最底层的单元测试是属于开发人员做的。

最上层的 UI 自动化测试，就是用程序模拟用户手工操作的测试方法，模拟鼠标键盘的操作，能够帮助测试人员从重复和枯燥的手工测试中解放出来。比如使用 Selenium 来做 Web 的 UI 自动化测试，使用 Appium 来对手机 UI 做自动化测试。UI 层的自动化测试工具非常多。将 UI 自动化测试在真正的工作中时，测试人员会发现理想和现实之间差距很大。

图 17-1 自动化测试和工具分类

图 17-2 分层的自动化测试

图 17-3 是某公司某部门一周的自动化失败次数。不但没有发现 Bug，而且还浪费了测试人员 41 次自动化失败的排查时间。本来是想用 UI 自动化来找 Bug，结果 Bug 没找到，反倒浪费了大量的时间和资源去排查自动化和环境的问题。

为什么外部环境、业务变更和应用环境问题能导致这么多自动化失败呢？这是因为 UI 自动化存在以下的缺点。

（1）UI 自动化是非常不稳定的。网速、浏览器、脚本的健壮性和测试环境等因素都会导致 UI 自动化测试的失败。

（2）做 UI 自动化测试成本非常高，对测试人员要求也很高——需要懂自动化框架，会一门编程语言，同时还需要代码逻辑清晰。

（3）UI 自动化效果差，发现不了几个 Bug。UI 自动化测试搞不好可能会成为鸡肋。

（4）维护性差，当 UI 发生改变的时候，UI 自动化测试用例会大量失效，测试人员不得不花时间去修改 UI 自动化测试代码。

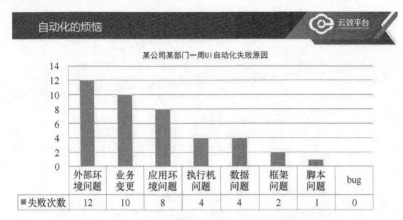

图 17-3 某公司某部门一周 UI 自动化失败原因

虽然 UI 自动化测试对项目来说有时候可能没有太大作用，但是对测试人员自身来说却有非常大的帮助。在做 UI 自动化测试的过程中，测试人员会碰到各种各样的问题，然后他们会想办法去解决问题，这个过程能大大提高测试人员的能力。

『 17.3 Web 自动化测试的两种思路 』

（1）UI 自动化测试，或者叫 Browser 测试，模拟浏览器端的一些操作，比如在 TextBox 输入一些文本，选择下拉框中的某个选项。使用 Selenium 这样的 UI 自动化测试框架，模拟用户的操作，比如自动打开浏览器；然后自动输入用户名和密码，自动单击登录按钮。

（2）用发包工具模拟浏览器的发包，直接发送 HTTP 请求给 Web 服务器，然后对服务器响应回来的行进行解析和验证。

这两种自动化测试的方法各有优缺点。浏览器的 UI 自动化测试能够模拟用户真实的操作场景，但是运行很慢，而且不稳定，自动化测试代码维护成本非常高。基于 HTTP 协议的自动化测试运行速度快，稳定，但是没有对 UI 和脚本进行测试。

『 17.4 什么是接口测试 』

接口是指模块与模块之间的对接方式定义，或者是系统与系统之间的对接方法定义。接口是可以部署成服务的协议接口，常见的协议就是 HTTP 协议。

所以测试人员平常说的接口测试或者 Web 接口测试、Restful API 测试，就是基于 HTTP 协议的接口测试。除了基于 HTTP 协议的接口，还有基于其他协议的接口，其本质都是要发送一个 HTTP 请求报文给服务器，然后服务器返回一个 HTTP 响应报文。

接口一般比较稳定，改动不会很频繁，所以接口的自动化测试的维护成本就比较低。一般来说，接口测试是最简单的自动化测试，甚至不需要写多少代码，用自动化工具就能实现自动化测试，接口测试能发现很多 Bug。

手动测试人员如果想转型做自动化测试，从接口自动化测试开始入门是一个非常好的选择。

17.5　接口测试工具

（1）抓包工具：Fiddler、Firebug、HTTP Analyzer。

（2）发包工具：开源工具有 JMeter、Postman，商业工具有 LoadRunner、SoapUI。

17.6　Web 原理

当我们在浏览器的地址栏中输入 URL，就能打开一个网页，那么网页是如何呈现的呢？具体过程如下。

（1）浏览器（Browser）是客户端，发送 HTTP 请求给 Web 服务器（Server）。

（2）Web 服务器接受了请求后，生成相应的 HTTP 响应（Response），然后发送给浏览器。

（3）浏览器解析 HTTP 响应，这样我们就看到页面了。这就是我们说的 Browser/Server 结构，简称 B/S 结构。

在浏览器中输入 http://www.cnblogs.com/tankxiao，然后单击回车键，过程如图 17-4 所示。

图 17-4　Web 原理

17.7　Web 自动化测试原理

　　用自动化工具把自己伪装成一个浏览器，发送 HTTP 请求给 Web 服务器，这就是自动化测试原理。市面上能发送 HTTP 请求的工具很多，常用的有 JMeter、LoadRunner、Postman 等。

　　另外，几乎所有的编程语言都能发送 HTTP 请求，如图 17-5 所示。

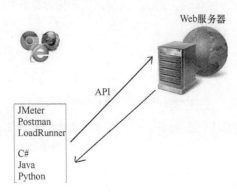

图 17-5　Web 自动化测试原理

17.8　性能测试的原理

　　性能测试实际上也是通过工具模拟出很多虚拟的用户，同时发送 HTTP 请求给 Web 服务器。对被测系统实行压力负载测试，监控被测系统在不同业务不同压力下的性能表现，找出潜在的性能瓶颈并对其进行分析、优化，如图 17-6 所示。

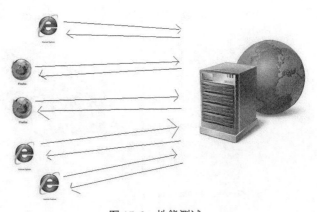

图 17-6　性能测试

『 17.9　APP 的后台测试 』

移动 APP 的架构一般是由前端的 APP 调用后台的 Web 服务器，Web 服务器提供了很多接口，如图 17-7 所示。

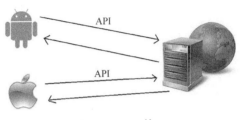

图 17-7　APP 接口

APP 的后台其实就是 Web Server，也是通过 HTTP 协议暴露出来的 API（或者叫接口）。

如果我们要直接测试 APP 的后台服务，则可以使用自动化测试工具，直接调用后台的 API，如图 17-8 所示。这种接口返回的一般是 JSON。

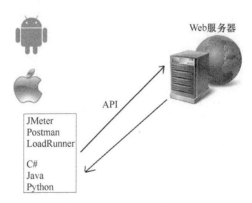

图 17-8　APP 接口自动化测试

『 17.10　如何学习 Web 自动化测试和性能测试 』

做 Web 自动化测试和性能测试，最重要的是要理解 HTTP 协议，然后再学会用工具模拟出同样的 HTTP 请求发送给服务器，或者自己写代码模拟出相同的 HTTP 请求。

　　HTTP 协议是一个数据包，我们怎么样才能看到这个数据包的样子呢？我们需要找一个抓包工具来抓 HTTP 的数据包，查看数据包中有什么字段。

　　我们用什么工具来发送 HTTP 协议数据包呢？我选择用 JMeter 来发送 HTTP 数据包，因为 JMeter 的功能强大并且简单易学，不需要写代码，使用非常方便。

第18章

—— JMeter 工具使用介绍 ——

JMeter 是一款优秀的开源测试工具，广泛用于接口测试和性能测试。熟练使用 JMeter 后，能用 JMeter 搞定的事情就不必使用 LoadRunner 了。

后面几章会介绍 JMeter 的各种功能，并且会通过丰富的实例结合之前学的 HTTP 协议，让读者快速掌握 JMeter 的各种用法。

『 18.1 JMeter 介绍 』

Apache JMeter 是 Apache 组织开发的基于 Java 的压力测试工具，用于对软件做压力测试。它最初被设计用于 Web 应用测试，后来才扩展到其他测试领域。

JMeter 给大多数人的第一印象是性能测试工具。实际上，性能测试就是调用 Web 接口。所以现在经常用 JMeter 测试 Web 接口，用 JMeter 来测试 Restful API 非常好用。

如果你用 JMeter 去对 Web 进行功能测试或者性能测试，你就必须熟练掌握 HTTP 协议，这样才能使用 JMeter，否则你很难理解 JMeter 中的概念。

『 18.2 JMeter 的下载和运行 』

JMeter 的官方网站是 http://jmeter.apache.org/，本书采用 JMeter 3.2 版本。

　　JMeter 由 Java 语言开发。JMeter3.2 版本的运行需要有 Java8 或者以上版本的环境，需要安装好 Java JDK，配置好环境变量。关于 Java 环境的安装请参考其他资料，此处不再作详细讲解。

　　JMeter 不需要安装，只需要配置好 JAVA 环境，解压后即可直接运行。将 "apache-jmeter-3.2.zip" 文件解压，进入解压目录 ".../apache-jmeter-3.2/bin/" 下双击 jmeter.bat，就能启动 JMeter，如图 18-1 所示。

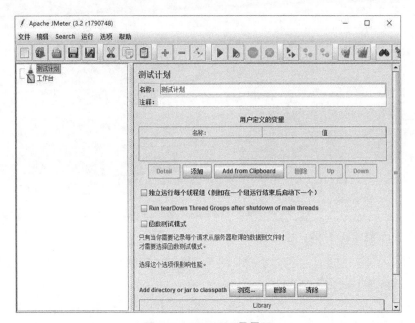

图 18-1　JMeter 工具界面

　　JMeter 是支持中文的。启动 JMeter 后，单击 Options -> Choose Language 来选择语言。

『 18.3　创建测试任务 』

　　在 JMeter 中，任何类型的测试都需要先创建线程组，一个线程组可以看作一个测试任务。

　　添加线程组，如图 18-2 所示，用鼠标右键单击"测试计划"，在快捷菜单中单击添加 -> Threads(Users) -> 线程组。

　　注意：在 JMeter 中，任何内容都应该放在线程组中。

　　设置线程组。线程组主要包括 3 个参数，如图 18-3 所示。

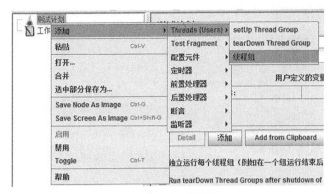

图 18-2　创建线程组

图 18-3　线程组的参数

（1）线程数：一个线程代表一个虚拟用户。

（2）Ramp-Up Period(in seconds)：设置线程的启动时长，单位为 s。如果线程数是 100，启动时长为 5s，那么需要 5s 启动 100 个线程，平均每秒启动 20 个线程。

（3）循环次数：每个线程发送请求的次数。如果这个线程组中有 5 个 HTTP 请求，循环次数为 3 的话，那么一个线程会发送 5×3=15 个 HTTP 请求。如果选中了"永远"复选框，那么所有的线程会无限循环发送请求，直到手动单击工具栏上的停止按钮。

如果用来做功能测试/接口测试，那么应保持默认设置，线程数设置为 1，Ramp-up Period(in seconds)设置为 1，循环次数也设置为 1。

『 18.4　添加 HTTP 请求 』

添加一个 HTTP 请求，如图 18-4 所示。

如图 18-5 所示，需要填很多字段。如果你熟悉 HTTP 协议，就会知道怎么填这些字段。

填这么多字段，其实就是为了构造出一个 HTTP 请求的数据包。

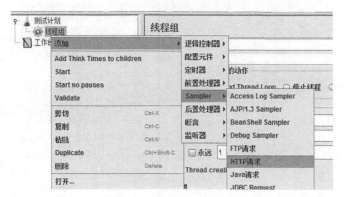

图 18-4 添加 HTTP 请求

图 18-5 HTTP 请求界面

『 18.5 实例：密码用 MD5 加密 』

有一个 MD5 在线网站，网址是 http://www.md5.cz/，利用它可以对我们的密码进行散列处理。我们用 Fiddler 对这个网站进行抓包，然后用 JMeter 来实现。具体的操作步骤如下。

（1）首先启动 Fiddler，打开浏览器，输入 http:// www.md5.cz/，在页面中输入"password"，然后单击按钮"hash darling, hash!"。抓包结果如图 18-6 所示。

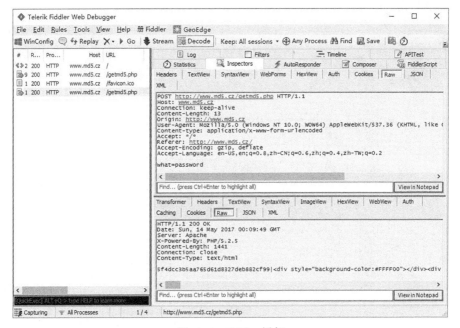

图 18-6 Fiddler 抓包

我们能清楚地看到浏览器发出的 HTTP 请求报文如下：

```
POST http://www.md5.cz/getmd5.php HTTP/1.1
Host: www.md5.cz
Connection: keep-alive
Content-Length: 13
Origin: http://www.md5.cz
User-Agent: Mozilla/5.0 (Windows NT 10.0; WOW64) AppleWebKit/537.36 (KHTML, like
Gecko) Chrome/57.0.2987.133 Safari/537.36
Content-type: application/x-www-form-urlencoded
Accept: */*
Referer: http://www.md5.cz/
Accept-Encoding: gzip, deflate
Accept-Language: en-US,en;q=0.8,zh-CN;q=0.6,zh;q=0.4,zh-TW;q=0.2

what=password
```

（2）现在我们需要使用 JMeter 发送一个一模一样的 HTTP 请求报文。启动 JMeter，添加线程组，添加一个 HTTP 请求。

从图 18-7 中可以看出，一个网址被分割成了 4 部分。

协议（http）+ 服务器名称或 IP（www.md5.cz）+端口号（默认是 80，不需要填写）+路径（/getmd5.php）= http://www.md5.cz/getmd5.php。

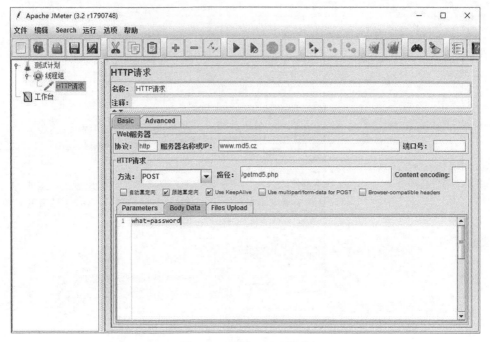

图 18-7　填写 HTTP 请求

这个 HTTP 是 POST 方法，是有 Body 的。我们选择 POST 方法，并且在 Body Data 中填写"what=password"。

（3）添加 HTTP Header。选择这个 HTTP 请求，用鼠标右键单击，选择添加->配置元件->HTTP 信息头管理器，如图 18-8 所示。

图 18-8　填写 HTTP 信息头管理器

有个简单的办法可以添加 HTTP Header（信息头），即先在 Fiddler 中复制所有的 HTTP Header，然后单击"Add from Clipboard"，如图 18-9 所示。

（4）HTTP 信息头管理器中删除 Host。JMeter 会自动帮你添加 Host，所以不需要手动添加。如果已经手动添加，则需要删除，如图 18-10 所示。

图 18-9　从剪切板添加 Header

图 18-10　删除 Host Header

（5）添加察看结果树。选择线程组，用鼠标右键选择添加->监听器->察看结果树，如图 18-11 所示。

（6）运行 JMeter，单击工具栏上的绿色按钮，可以运行脚本，如图 18-12 所示。如果没有保存脚本，系统会提示你保存脚本。

（7）通过结果树，我们可以看到我们发出的 HTTP 请求，以及 Web 服务器返回的 HTTP 响应，如图 18-13 所示。

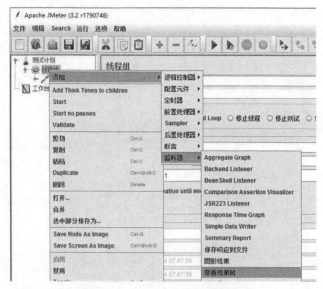

图 18-11 添加"察查看结果树"

图 18-12 运行脚本

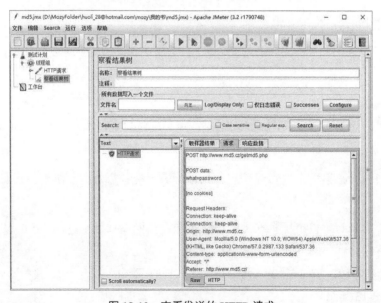

图 18-13 查看发送的 HTTP 请求

从图 18-14 中我们能看到，password 被散列（hash）后，变成 5f4dcc3b5aa765d61d8327 deb882cf99。

图 18-14　查看 HTTP 响应

（8）JMeter 中查看 HTTP 的响应。如图 18-15 所示。我们可以使用多种方式来查看 HTTP 响应，如果 HTTP 响应是一个 HTML 文档，则可以使用 HTML 方式；如果 HTTP 响应是一个 JSON 文件，则可以使用 JSON Path Tester 方式查看。

图 18-15　使用多种方式查看 HTTP 响应

■■ 第 19 章 ■■

── JMeter 天气接口自动化测试 ──

本章通过"查询天气接口"的例子，来讲述 JMeter 中参数化、断言、关联、正则表达式的用法。

『 19.1　天气查询的例子 』

手动查询天气的步骤如下。

（1）打开浏览器，打开 http://www.weather.com.cn/。

（2）在"城市名称"中输入"上海"，单击查询，就能查询到上海的天气。接下来我们把这个天气查询的例子做成自动化。

『 19.2　天气查询网站抓包 』

启动 Fiddler，单击菜单栏中 Rules -> Hide Image Requests。抓包的时候，如果抓了太多不相干的包，干扰会很大，所以我把图片的包都隐藏了。

打开浏览器，打开 http://www.weather.com.cn/，在"城市名称"中输入"上海"，单击查询按钮。

通过 Fiddler 抓包，会抓到几十个包。

『 19.3 抓包分析 』

通过上面的抓包，我们经过分析可以知道实际上是做了 2 步，如图 19-1 所示。分析的过程稍显复杂，请读者多花点时间。

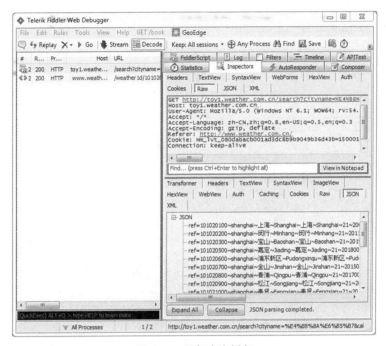

图 19-1 天气查询抓包

第一步：获取城市代码。

发送一个 GET 请求到 http://toy1.weather.com.cn/search?cityname=%E4%B8%8A%E6%B5%B7（注意，"上海"被 URLEncode 后变成了"%E4%B8%8A%E6%B5%B7"）。

从这个响应中可以得到上海的地区代码，比如上海的地区代码是 101020100。

注意：这个请求必须带上一个叫"Referer"的 Header，Referer 的作用就是用来追踪来源的。

第二步：获取城市的天气数据。

发送一个 GET 请求到 http://www.weather.com.cn/weather1d/101020100.shtml，可以得到该城市的天气数据。

另外，我们还需要做把城市参数化，这样就可以查询任何一个城市的天气。第一个请求查询到的数据要传给第二个请求使用，我们称之为关联。

『 19.4 获取城市地区代码 』

现在我们用 JMeter 来发包，实现整个过程，具体的操作步骤如下。

（1）启动 JMeter，新建一个线程组（Thread Group）。

（2）在线程组下面新建一个 HTTP 请求，将其命名为 GetCityCode。填写的内容如图 19-2 所示。发送一个 Get 方法的 HTTP 请求到 http://toy1.weather.com.cn/search?cityname=上海。

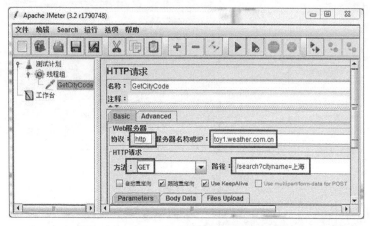

图 19-2 JMeter 获取城市代码

添加一个 HTTP 信息头管理器，添加一个 Referer，如图 19-3 所示。

图 19-3 Referer Header

再添加一个察看结果树，就可以运行查看结果了，如图 19-4 所示。注意这里的汉字变成乱码了。

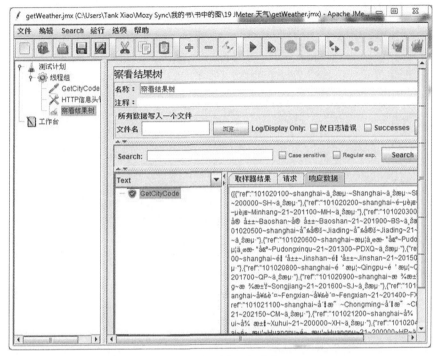

图 19-4　运行结果变成乱码

19.5　处理 JMeter 中 HTTP 响应乱码

为什么中文会显示为乱码呢？

当响应数据或响应页面没有设置编码时，JMeter 会按照 jmeter.properties 文件中的 sampleresult.default.encoding 设置的格式解析。默认是 ISO-8859-1，所以解析中文时肯定会出错。jmeter.properties 文件在\apache-jmeter-3.2\bin 下面，内容如下：

```
# The encoding to be used if none is provided (default ISO-8859-1)
#sampleresult.default.encoding=ISO-8859-1
```

我们修改一下 jmeter.properties 文件，把 #sampleresult.default.encoding=ISO-8859-1 修改为 sampleresult.default.encoding=utf-8（注意"#"要去掉）。

重新启动 JMeter，打开脚本，重新运行，结果如图 19-5 所示。

图 19-5　中文乱码问题被解决

『 19.6　添加验证点 』

如图 19-6 所示，选择 GetCityCode 这个 HTTP 请求，用鼠标右键选择添加->断言->响应断言。

图 19-6　添加验证点

选择线程组，用鼠标右键选择添加->监听器->断言结果。

运行后，如果 HTTP 响应中没有包含期待的字符串，那么断言就会失败，如图 19-7所示。

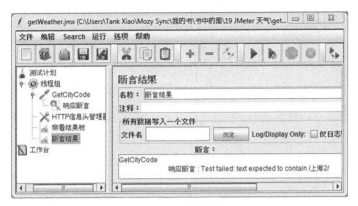

图 19-7　断言结果

19.7　使用用户自定义变量

我们还可以在 JMeter 中定义变量。比如我们定义一个变量叫 city，调用这个变量的时候用${city}。

选择线程组，用鼠标右键选择添加->配置元件->用户定义的变量。

我们添加一个变量 city，其值设为"上海"，如图 19-8 所示。

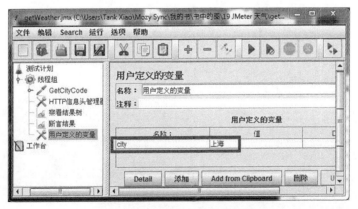

图 19-8　添加用户自定义变量

然后在 GetCityCode 中使用这个变量，如图 19-9 所示。

图 19-9　使用自定义变量

这样我们就实现了参数化，以后修改城市的时候，只要修改用户自定义变量就可以了。

19.8　正则表达式提取城市地区代码

如果你不熟悉正则表达式，请去百度搜索"正则表达式 30 分钟入门教程"。正则表达式的教程和工具可以到 https://deerchao.net/tutorials/regex/regex-1.htm 下载。

推荐先使用一个正则表达式测试器测试一下你的正则表达式字符串是否正确。方法是把 GetCityCode 的 HTTP 响应复制到正则表达式工具中，测试一下正则表达式字符串是否正确。

例如，我们的正则表达式字符串是 (\d{9}?)~.*?~上海，如图 19-10 所示。

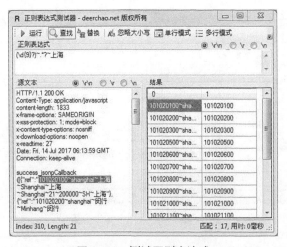

图 19-10　测试正则表达式

如图 19-11 所示，选择 GetCityCode 这个 HTTP 请求，用鼠标右键选择添加->后置处理器->正则表达式提取器。

图 19-11　使用正则表达式提取器

所谓关联，就是一个 HTTP 请求使用了另一个 HTTP 请求中的数据，两个请求之间发生了关联。

通过正则表达式提取器，我们把城市代码提取出来，并且存到变量 citycode，然后把这个变量提供给第二个 HTTP 请求使用。

『 19.9　获取天气 』

现在新建第二个 HTTP 请求，命名为 GetWeather。发送一个 GET 请求到 http://www.weather.com.cn/weather1d/${citycode}.shtml。

${citycode}中的数据是从正则表达式中提取来的，如图 19-12 所示。

现在，脚本全部写好了。运行后，在"察看结果树"中查看结果，如图 19-13 所示。

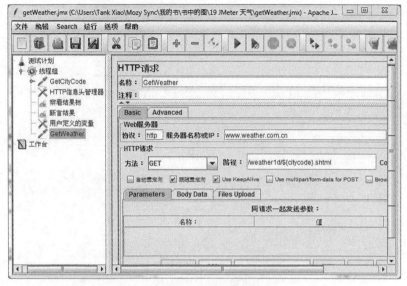

图 19-12　获取天气请求

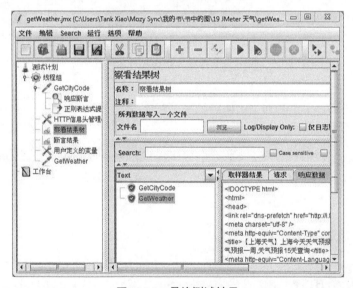

图 19-13　最终测试结果

■■ 第 20 章 ■■

── JMeter 中 BeanShell 的用法 ──

我们在使用 JMeter 的时候，有时候会需要一些逻辑的运行，对此 JMeter 就有些乏力了。可以在 BeanShell 中通过 Java 代码来扩展功能。

『 20.1　什么是 BeanShell 』

BeanShell 是一个小型的 Java 源代码解释器，具有对象脚本语言特性。其能够动态执行标准 JAVA 语法，可以通过脚本来处理 Java 应用程序，还可以执行 JAVA 代码和 Java 代码片段，以及松散类型的 Java 和其他的脚本。BeanShell 是一种完全符合 Java 语法规范的脚本语言，并且拥有自己的一些语法和方法。

『 20.2　操作变量 』

通过使用 Bean shell 内置对象 vars 可以对变量进行存取操作。

vars.get("name")：从 JMeter 中获得变量值。

vars.put("key"，"value")：数据存到 JMeter 变量中。

新建一个线程组，添加一个 BeanShell Sampler，添加一个 Debug Sampler 和一个"察看结果树"，如图 20-1 所示。

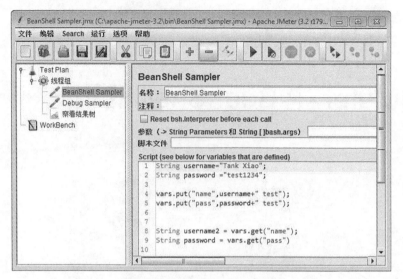

图 20-1　BeanShell 操作变量

在"察看结果树"中，我们可以通过 Debug Sampler 来查看变量的值，如图 20-2 所示。

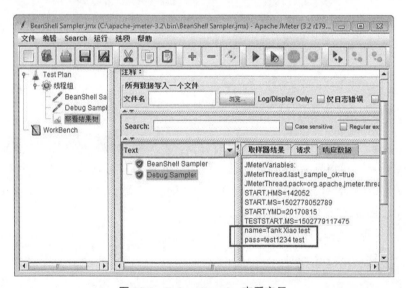

图 20-2　Debug Sampler 查看变量

20.3　JMeter 有哪些 BeanShell

Jmeter 中包括多种 BeanShell，用法基本都是一样的，只是作用的地方不同而已，可以都尝试一下看看。

定时器：BeanShell Timer。

前置处理器：BeanShell PreProcessor。

采样器：BeanShell Sampler。

后置处理器：BeanShell PostProcessor。

断言：BeanShell 断言。

监听器：BeanShell Listener。

『 20.4　BeanShell 调用自己写的 jar 包进行 MD5 加密 』

具体操作步骤如下。

（1）先在 Eclipse 中新建一个工程，工程名随便取。

（2）在工程中添加一个 class，class 名称叫 md5，代码如下：

```
package md5;
import java.security.MessageDigest;
import java.security.NoSuchAlgorithmException;

public class mymd5 {
    public static String getMd5(String plainText) {
        try {
            MessageDigest md = MessageDigest.getInstance("MD5");
            md.update(plainText.getBytes());
            byte b[] = md.digest();

            int i;

            StringBuffer buf = new StringBuffer("");
            for (int offset = 0; offset < b.length; offset++) {
                i = b[offset];
                if (i < 0)
                    i += 256;
                if (i < 16)
                    buf.append("0");
                buf.append(Integer.toHexString(i));
            }
            //32 位加密
            return buf.toString();
            // 16 位的加密
            //return buf.toString().substring(8, 24);
```

```
        } catch (NoSuchAlgorithmException e) {
            e.printStackTrace();
            return null;
        }

    }
}
```

（3）将工程导出为一个 jar 文件，取名为 mymd5.jar。

（4）新建另一个工程，取名为 md5test，引入 mymd5.jar。测试一下 jar 包，确保 jar 包能被正确调用。允许成功后，说明 jar 包是可用的。

```
package md5test;
import md5.mymd5;

public class Pro {

    public static void main(String[] args) {
        String teString = mymd5.getMd5("password");
        System.out.println(teString);
    }
}
```

（5）将 mymd5.jar 复制到 JMeter 文件中的 apache-jmeter-3.2\lib\ext 下面。

（6）启动 JMeter，在测试计划中引入这个 jar 包，如图 20-3 所示。

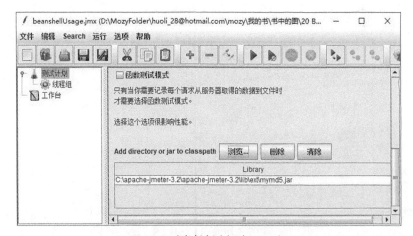

图 20-3　测试计划中引入 jar 包

（7）JMeter 中新建一个线程组，线程组中新建一个 BeanShell Sampler。

（8）在线程组下面添加一个 Debug Sampler，如图 20-4 所示。

（9）在线程组下面添加一个察看结果树，运行结果如图 20-5 所示。

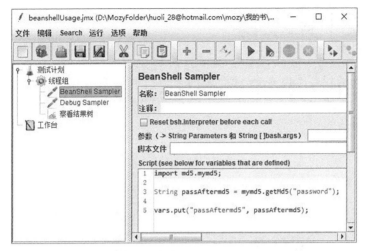

图 20-4　添加 Debug Sampler

图 20-5　Debug Sampler 中查看变量

第 21 章

自动登录禅道和自动开 Bug

"禅道"是一个国产的开源项目管理软件，支持需求管理、任务管理、缺陷管理和测试用例管理。本章将综合之前所学的知识，包括 HTTP 协议、Fiddler 抓包和 JMeter 发包，来完成禅道系统的自动化测试。

本章涉及自动化登录禅道、自动开 Bug、自动关 Bug，同时讲述 JMeter 中 HTTP Cookie 管理器和 HTTP 请求默认值的用法。

「 21.1 HTTP Cookie 管理器 」

前面的章节中解释过，HTTP 协议本身是无状态的，为了维持登录的状态，我们引入了 Cookie 机制。

Cookie 的流程如下。

第一步，浏览器发送第一个 HTTP 请求给 Web 服务器，里面包含用户名和密码。Web 服务器验证用户名和密码后，把登录相关的 Cookie 发送给浏览器客户端。

第二步，浏览器客户端再一次访问的时候，会带上 Cookie。这样才处于登录状态，否则会被服务器跳转到登录页面。

现在用 JMeter 来模拟整个登录过程，那么我们需要在第一步后，用正则表达式提取器把登录相关的 Cookie 提取出来，然后把登录的 Cookie 插入后续的 HTTP 请求中形成关联。

这里如果用正则表达式来做的话会稍显麻烦。

JMeter 中的 HTTP Cookie 管理器可以自动管理 Cookie。有了它，我们就不需要去处理 Cookie 了，HTTP Cookie 管理器会自动存储和发送 Cookie。

如果 HTTP 响应中包含 Cookie，那么 HTTP Cookie 管理器会自动保存这些 Cookie。用户再次访问该站点时，HTTP 请求会自动使用这些 Cookie。一个线程组有自己存储 Cookie 的区域，并且一个线程组只能添加一个 HTTP Cookie 管理器。

选择线程组，用鼠标右键单击添加->配置元件->HTTP Cookie 管理器，HTTP Cookie 管理器里面不需要修改任何字段，如图 21-1 所示。

图 21-1　HTTP Cookie 管理器

21.2　HTTP 请求默认值

我们在 Jmeter 里一般都会添加多个 HTTP 请求，这些 HTTP 请求的 HOST、协议和端口都是一样的。我们可以添加一个 HTTP 请求默认值，相当于一个模板。在 HTTP 请求默认值中设置 HOST、协议、URL、端口等内容，这样后续的 HTTP 请求就会继承 HTTP 请求默认值中的内容，如图 21-2 所示。

21.3　禅道介绍和部署

禅道是一个开源的项目管理系统，集产品管理、项目管理、Bug 管理、文档管理、组织管理和测试用例管理于一体，是一款功能完备的项目管理软件，完美地覆盖了项目管理的核心流程。很多创业公司都使用禅道。部署禅道非常简单，强烈建议读者自行搭建一个禅道系统，大概 10 分钟就能搭建好。不想自己搭建的话就用我提供的禅道。

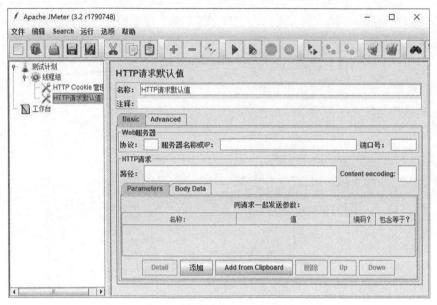

图 21-2　HTTP 请求默认值

我部署的禅道地址是 http://tankxiao.vicp.io/zentao/，用户名是 book，密码是 password。

现在用 JMeter 来实现禅道系统的自动登录，新建一个 Bug，把这个 Bug 修改为"已修复"，再把这个 Bug 修改为"已关闭"。

『 21.4　禅道操作和抓包分析 』

我们一边用浏览器来手动操作，一边用 Fiddler 抓包分析，一边用 JMeter 来实现，以此逐步实现整个流程的自动化。

21.4.1　第 1 步，自动登录禅道

具体的操作步骤如下。

（1）启动 Fiddler，启动过滤。过滤掉一些不相干的 HTTP 请求，能让我们快速找到我们需要的 HTTP 请求。

在 Fiddler 中的 Filter 选项卡中激活 Filter，并且在 Response Type and size 中选中"Show only HTML"，如图 21-3 所示。

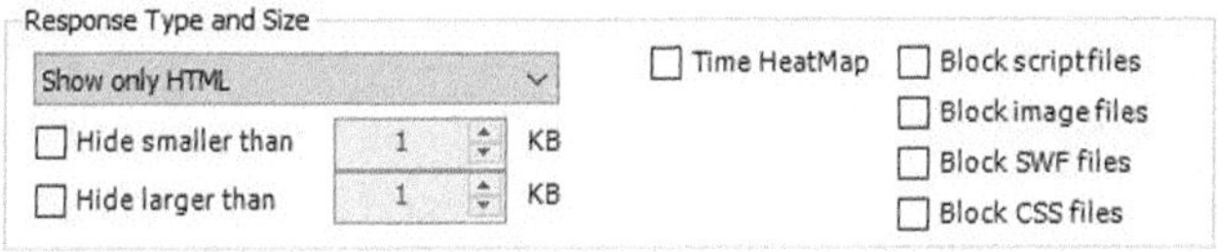

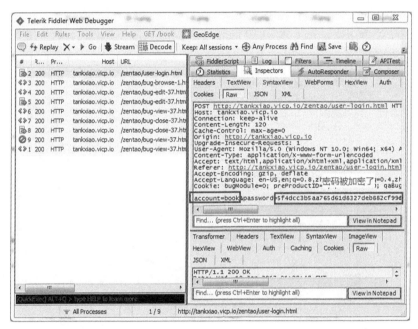

图 21-3 Fiddler 启动过滤功能

（2）启动 Fiddler，打开浏览器，输入 http://tankxiao.vicp.io/zentao/，然后输入用户名和密码，单击"登录"。抓包如图 21-4 所示。

图 21-4 登录抓包

从抓包可以看到，登录用的是 POST 方法，但是密码是加密后发送给服务器的，Body 中的数据是 account=book&password=5f4dcc3b5aa765d61d8327deb882cf99。

（3）确认密码是怎么被加密的。该密码估计是用 JavaScript 代码加密的。我们可以查一下 JavaScript 代码。打开浏览器的开发工具，查找 JS 代码。不出所料，我们发现了一个叫 MD5 的 JS 文件，如图 21-5 所示。

为了确定该密码是被 MD5 加密的，我们进行一下测试。打开 MD5 的在线网站，网址是 http://www.md5.cz/，测试结果如图 21-6 所示。现在可以确定密码是用 MD5 加密的。

图 21-5　分析密码的加密方式

图 21-6　密码用 MD5 加密的

如何实现这个密码的加密呢？有两种方法。

第一种方法，先发送一个请求给 http://www.md5.cz/，在 HTTP 响应中，我们用正则表达式把加密后的密码提取出来。这个方法的缺点是：如果网站不可用了，我们的脚本就不能工作了。

第二种方法，用 BeanShell 的方法，用 Java 代码来进行 MD5 加密，把一个 Java 的 jar

包引入进来。

我们采用第一种方法加密。如果读者想采用第二种方法，可以参考上一章中 BeanShell 的用法。

（4）启动 JMeter，新建一个线程组，新建一个用户自定义的变量。添加 2 个变量：一个叫 username，一个叫 password，如图 21-7 所示。

图 21-7　JMeter 添加变量

（5）添加一个 HTTP 请求，命名为 getmd5，如图 21-8 所示。

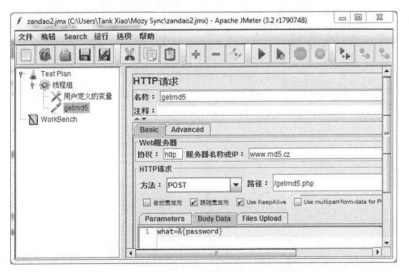

图 21-8　getmd5 的请求

（6）在 getmd5 HTTP 请求下面新建一个正则表达式提取器，填写的内容如图 21-9 所示。

图 21-9　正则表达式提取加密后的密码

通过正则表达式，我们把加密后的密码存到变量 password2 中。

（7）选择线程组，添加一个 HTTP Cookie 管理器，用来自动管理 Cookie。

（8）选择线程组，添加一个 HTTP 请求默认值，填写的内容如图 21-10 所示。

图 21-10　添加 HTTP 请求默认值

（9）选择线程组，添加一个 HTTP 请求，命名为 login，这个 HTTP 请求就是用来登录的。我们可以分析图 21-11，这是一个 POST 请求，URL 地址是/zentao/user-login.html，Body 的数据应该是 account= ${username}&password=${password2}。

（10）添加"察看结果树"，并且运行，保存脚本。查看结果，如图 21-12 所示。

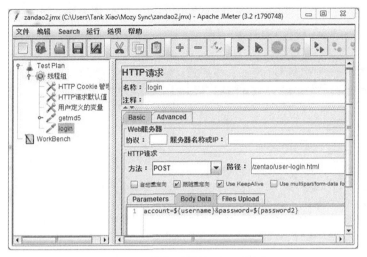

图 21-11 添加登录的 HTTP 请求

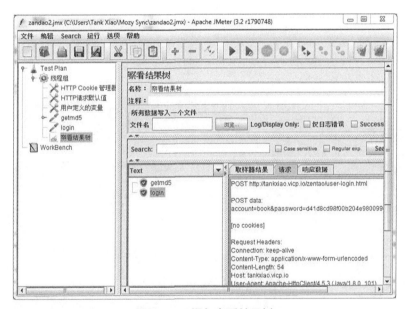

图 21-12 添加察看结果树

到这一步，我们的登录终于做好了，可以看到我们的密码是用 MD5 加密后发送的。

21.4.2 第 2 步，创建一个新的 Bug

具体操作步骤如下。

（1）继续在浏览器中操作，在禅道中单击"测试"，单击"Bug"，在右边单击"新建一个 Bug"，会弹出一个 Bug 的表单。在表单中填好一些必填字段，如图 21-13 所示。

图 21-13　禅道中新建一个 Bug

（2）单击保存，新建一个 Bug 的 HTTP 请求就被 Fiddler 抓到了，如图 21-14 所示。

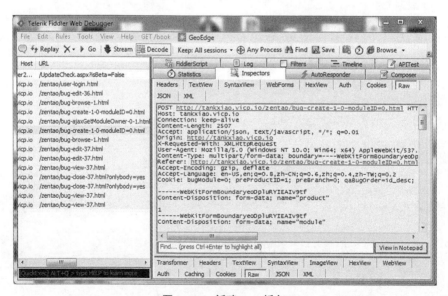

图 21-14　新建 Bug 抓包

我们用 JMeter 也模拟出一个一模一样的 HTTP 请求。

添加一个新的 HTTP 请求，命名为 CreateBug，路径和 Body 的数据我们都从 Fiddler
里面复制过来，如图 21-15 所示。

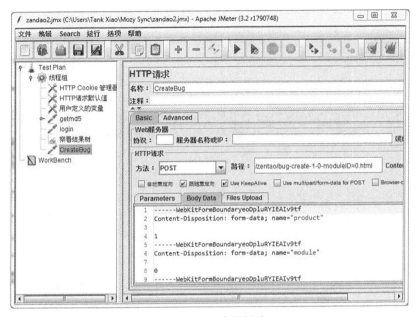

图 21-15　JMeter 实现新建 Bug

在 CreateBug 中新建一个 HTTP 信息头管理器，把 Header 都从 Fiddler 中复制过来，
记得一定要删除 Host 和 Cookie 这 2 个 Header，如图 21-16 所示。

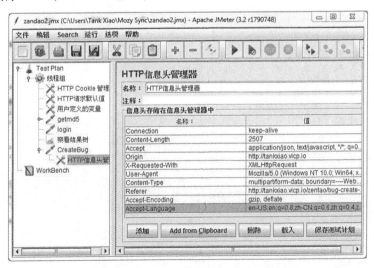

图 21-16　JMeter 实现新建 Bug 添加 Header

21.4.3　第 3 步，找到刚刚新建 Bug 的 ID

先在 JMeter 中把上一步添加的 CreateBug 请求禁用，以防止创建太多的 Bug。

要修改这个 Bug，我们需要知道刚才所创建的 Bug 的 ID 是多少。

我们回到 Bug 列表的页面，可以看到，根据 Bug 的标题，可以从这个页面获取到 Bug 的 ID，如图 21-17 所示。

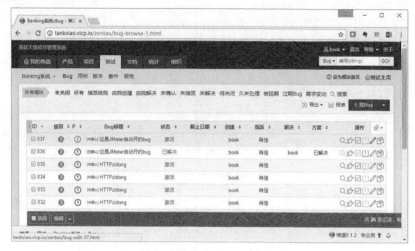

图 21-17　禅道中的 Bug 列表页面

获取 Bug 列表的 HTTP 请求用的是 GET 方法。在 JMeter 中，新建一个 HTTP 请求，将其命名为 GetBugList，如图 21-18 所示。

图 21-18　JMeter 获取 Bug 列表页面

在 GetBugList 请求下面，添加一个正则表达式用于提取 Bug 的 ID，如图 21-19 所示。通过正则表达式，我们可以从 GetBugList 的 HTTP 响应中把 Bug 的 ID 的值提取出来，存到变量 bugid 中。

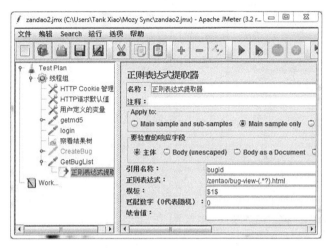

图 21-19 获取 Bug 的 ID

21.4.4 第 4 步，修改 Bug 状态为"已解决"

在浏览器中把 Bug 的状态修改为"已解决"，浏览器的操作如图 21-20 所示。

图 21-20 Bug 修改为"已解决"

Fiddler 抓包如图 21-21 所示。

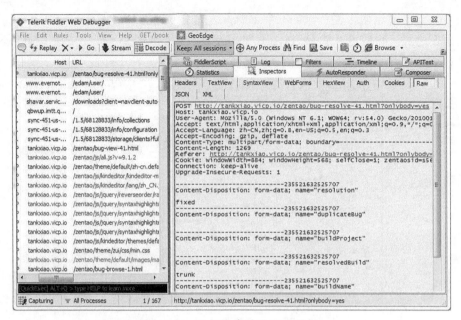

图 21-21　Bug 修改时 Fiddler 抓包

在 JMeter 中新建一个 HTTP 请求，命名为 EditBug。按照上面抓到的包，把 URL 和 body 数据都填好，如图 21-22 所示。注意 Bug 的 ID 是动态变化的，URL 中我们需要使用 ${bugid}。

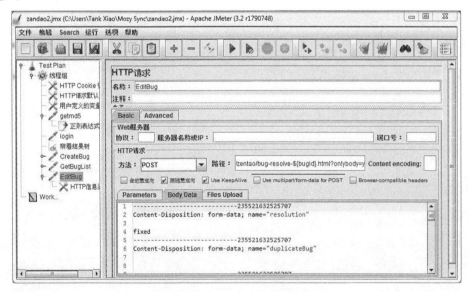

图 21-22　JMeter 实现修改 Bug

在 EditBug 这个 HTTP 请求下面新建一个 HTTP 信息头管理器，从 Fiddler 中把 Header

复制过来，粘贴到 HTTP 信息头管理器中。记得一定要删除 Host 和 Cookie 这 2 个 Header。

21.4.5　第 5 步，关闭 Bug

同样的道理，在浏览器上操作，把 Bug 关闭，Fiddler 抓包，然后用 JMeter 实现。如图 21-23 所示。

图 21-23　JMeter 实现关闭 Bug

21.4.6　总结

整个流程就做完了，我们可以用 JMeter 实现禅道的自动登录，自动开 Bug，自动修改 Bug 的状态并关闭 Bug。

同样的道理，我们可以用此方法做接口的自动化测试。除了 JMeter 之外，还可以使用 Postman 来完成。

第 22 章

JMeter 给网站做压力测试

本章介绍如何使用 Fiddler 抓包分析网站的登录过程，并且使用 JMeter 实现网站的自动登录，从而实现自动化测试以及性能测试。

『 22.1 案例介绍 』

本章介绍如何给网站做压力测试，使用的是一个叫 Mozy 的网站。

其登录页面是 https://secure.mozy.com/login，用户名是 2464602531@qq.com，密码是 tankxiao1234。

建议读者注册自己的账号来完成本次操作，注册网址是 https://secure.mozy.com/registration/free。

性能测试的脚本其实就是自动化测试。

『 22.2 压力测试的目的 』

模拟 20 个用户同时登录 Mozy 网站进行操作，然后查看性能指标，比如响应时间和出错率。

『 22.3　抓包分析 Mozy 网站的登录过程 』

（1）启动 Fiddler，打开浏览器，打开 https://secure.mozy.com/login，输入用户名 2464602531@qq.com 和密码 tankxiao1234。

Fiddler 能抓到很多包，找到那个有用户名和密码的包，如图 22-1 所示。

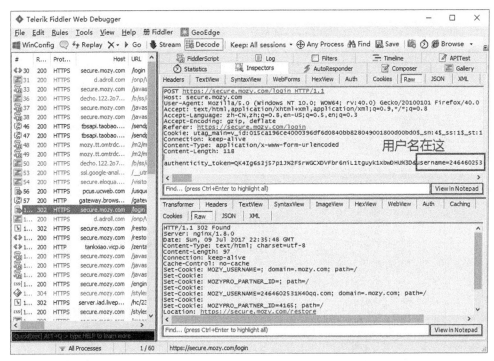

图 22-1　登录抓包

抓包可以看到，浏览器用 POST 方法发送了如下数据给服务器：

authenticity_token=QK4Ig6s3j57p1J%2F5rWGCXDVFbr6niL1tguyk1xbwDHU%3D&username= 2464602531%40qq.com&password=tankxiao1234

除了用户名和密码外，还有一个 authenticity_token。这个 authenticity_token 是从哪里来的呢？（如果 authenticity_token 每次都变化，说明服务器会验证对其进行）

（2）查找 authenticity_token 的来源。在 Fiddler 中，按快捷键【Ctrl+F】来查找，如图 22-2 所示。

查到的 Session 会用黄色的背景显示，我们得知这个 authenticity_token 是从 https://secure.

mozy.com/login 这个页面的响应中来的，如图 22-3 所示。

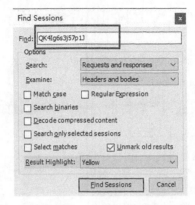

图 22-2 Fiddler 中查找

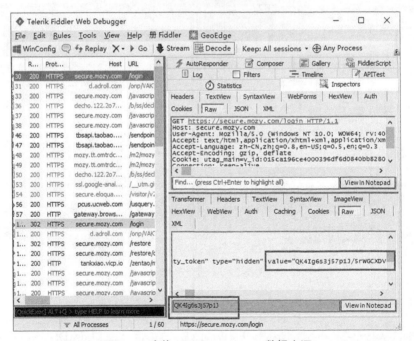

图 22-3 查找 authenticity_token 数据来源

『 22.4 抓包分析 』

通过上面的抓包分析，我们可以总结出整个过程如下。

（1）发一个 GET 的 HTTP 请求到 https://secure.mozy.com/login，在这个页面的 HTTP 响应

中，用正则表达式提取到 authenticity_token 的值。

（2）发一个 POST 的 HTTP 请求到 https://secure.mozy.com/login，Body 的数据包含 authenticity_token，用户名和密码，从而实现了登录。

（3）访问 https://secure.mozy.com/，可以看到已经是登录的状态。

22.5 实现 Mozy 登录

具体的操作步骤如下。

（1）启动 JMeter，新建一个线程组，添加一个 Cookie 管理器，添加一个"察看结果树"。

（2）在线程组下面新建一个 HTTP 请求，命名为 loginPage，如图 22-4 所示。

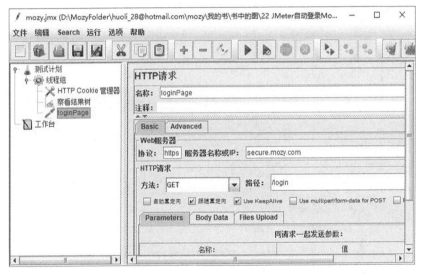

图 22-4 JMeter 中登录

（3）保存脚本后运行，得到登录页面的 HTML。

（4）使用正则表达式工具。写一个获取 authenticity_token 的正则表达式。正则表达式字符串是 authenticity_token" type="hidden" value="(.*?)"，如图 22-5 所示。

（5）在 loginPage 这个 HTTP 请求下面添加一个正则表达式提取器，如图 22-6 所示。通过正则表达式提取器把 authenticity_token 的值提取出来，保存在变量 token 中。

（6）在线程组下面新建一个 HTTP 请求，命名为 login，如图 22-7 所示。

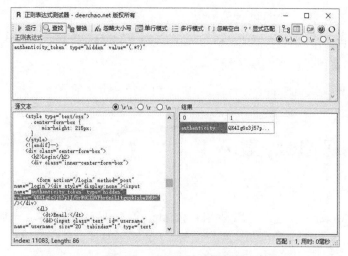

图 22-5　正则表达式测试器

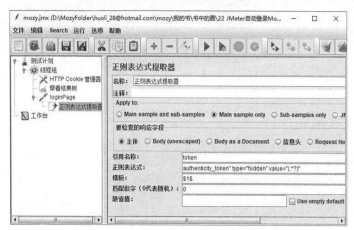

图 22-6　JMeter 中添加正则表达式提取器

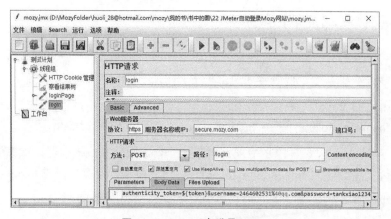

图 22-7　JMeter 中登录 Mozy

（7）在线程组下面新建一个 HTTP 请求，命名为 homePage，如图 22-8 所示。

图 22-8　访问个人主页

22.6　简单的压力测试

用 JMeter 很容易模拟压力测试。在线程组中，将线程数改为 5，代表同时有 5 个用户；循环次数是 10，代表每个用户循环 10 次，如图 22-9 所示。

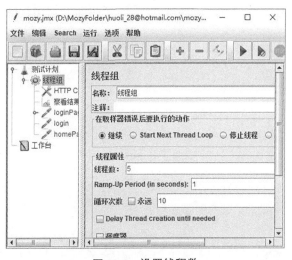

图 22-9　设置线程数

在线程组中添加一个聚合报告，然后运行脚本，就能看到性能测试的结果，如图 22-10所示。

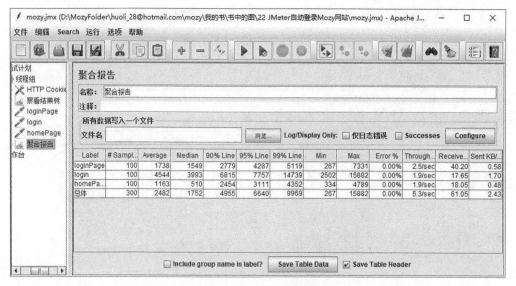

图 22-10　聚合报告结果

我们通过聚合报告来分析性能测试的结果。

（1）Error%：本次测试中出现错误请求的数量。正常情况下应该是 0.00%。否则就是功能出现了问题。也就是当大量用户访问的时候，造成了功能失败的问题，这个问题很严重。

（2）Average：平均响应时间，单位是 ms。对于一个 HTTP 请求来说，响应时间应该在 200ms 之内，但是图中 login 的平均响应时间是 4544ms，说明性能非常差。

观看视频方式

1. 打开异步社区（https://www.epubit.com/）网站，然后登录或注册账号。

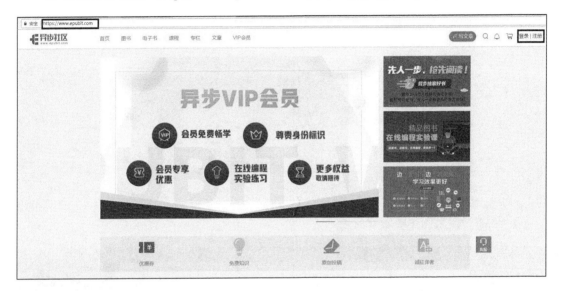

2. 搜索"HTTP 抓包实战"。注意，要单击"搜索产品"。

3. 进入图书《HTTP 抓包实战》页面，单击"观看在线课程"。

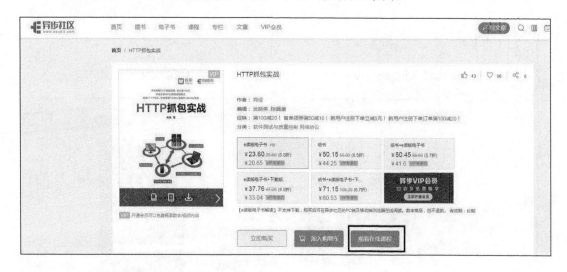

4. 回答弹出页面中的验证问题。

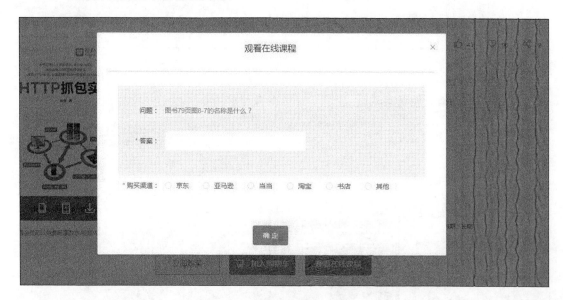

5. 验证通过后单击"在线课程"即可观看视频。

| 详情 | 目录/阅读 | 图书勘误 | 下载电子书 | 书评 | 在线课程 | 推荐商品 |

▌详情

出版信息：

书号：978-7-115-48119-1

出版时间：2018-06-01

内容简介：

tankxiao
[作者]

加关注　　发私信

▌在线课程

HTTP协议和Fiddler抓包理论讲解		▶
Fiddler的下载和安装	免费	▶
Fiddler的基本界面和使用方法		▶
HTTPS协议和Fiddler抓包理论讲解	免费	▶
使用Fiddler捕获HTTPS包		▶
HTTP协议请求方法和状态码 理论讲解		▶
HTTP数据包的内容		▶
301状态码		▶
302状态码		▶
HTTP协议Header介绍 理论讲解		▶
User-Agent Header介绍		▶
Referer Header 介绍		▶